L.
CURMER
RUE
RICHELIEU 49
A
PARIS

LA
MARINE.

# LA

# MARINE

PARIS. — IMP. SIMON RAÇON ET COMP., RUE D'ERFURTU, 1.

LA

# MARINE

ARSENAUX, NAVIRES

ÉQUIPAGES, NAVIGATION, ATTERRAGES, COMBATS

PAR

## M. EUGÈNE PACINI

OFFICIER DE LA MARINE ROYALE

## ILLUSTRATIONS DE M. MOREL-FATIO

## PARIS

L. CURMER, ÉDITEUR

49, RUE RICHELIEU, 49

CURMER
RUE
RICHELIEU 49
A
PARIS

LA
MARINE.

# L. CURMER, 49, rue de Richelieu,

AU PREMIER.

---

# LA MARINE

ARSENAUX, NAVIRES, ÉQUIPAGES,
NAVIGATION, ATTERRAGE, STATIONS, COMBATS,

PAR M. EUGÈNE PACINI,
Officier de la Marine royale;

ILLUSTRÉE PAR

## MM. GUDIN, E. ISABEY, MOREL—FATIO.

UN MAGNIFIQUE VOLUME GRAND IN-OCTAVO,

## avec trente gravures sur acier en noir,

OU GRAVURES SUR BOIS COLORIÉES À L'AQUARELLE,

représentant l'intérieur des Arsenaux, les Navires de tous les temps et dans toutes les positions
du service, les Costumes et Uniformes de la marine;

une quantité considérable de gravures sur bois imprimées dans le texte, pour servir à son intelligence.

## 30 LIVRAISONS A 50 CENT. POUR PARIS,

ET 60 CENTIMES POUR LES DÉPARTEMENTS.

*L'ouvrage complet :* **15 FRANCS.** — *Il sera terminé le 15 novembre.*

---

## PROSPECTUS.

LA MARINE a été dans tous les temps une des gloires de la France, gloire
difficile à conquérir, hérissée de périls de toutes sortes, et auxquels le courage
de nos braves marins n'a jamais fait défaut. Rappelez-vous les noms de ces
hardis navigateurs : Jacques Cartier, Bougainville, la Pérouse, Dumont d'Urville,
sans compter ceux qui vivent encore, et vous verrez se présenter à votre esprit
les découvertes, les nouveaux mondes, qu'ils ont ajoutés aux conquêtes de la
civilisation et de la France. Si vous tournez votre attention sur les héros de la
marine militaire, Duguay-Trouin, Jean-Bart, Duquesne, Tourville, le comte de
Forbin amèneront avec eux cette longue suite de combats, d'assauts, de tempêtes, de villes conquises, de batailles où chacun paye de sa personne. Aussi,
sous le double rapport de la civilisation et de la guerre, l'histoire de la marine
est complète ; elle touche à tous les intérêts, à toutes les passions des hommes ;

elle sert la politique, elle sert le commerce; elle est l'orgueil et la défense du pays.

Aujourd'hui, au sein d'une paix profonde, l'esprit public aime à revenir sur le passé et à approfondir chaque science en étudiant les détails; non content de porter à la Marine un intérêt croissant, on cherche avec avidité à s'instruire sur cette branche si pittoresque de la puissance nationale; on veut connaître les divers états de l'Océan, les climats, les vents, les marées ; on veut savoir par quel moyen le vaisseau docile suit la route que la boussole lui indique, comment, sous l'impulsion de ses voiles, il acquiert des qualités ou des vices comme un être sensible; en même temps on veut apprendre la destination utile du labyrinthe de cordages qui se croisent dans la mâture, les fonctions de chaque marin à bord, et, en un mot, le détail exact et précis de cette science immense de la marine qui comprend dans son ensemble l'eau, la terre et le ciel.

Tout en reconnaissant les progrès des écrivains et même des causeurs contemporains au sujet de la navigation, il faut avouer pourtant que même les plus habiles sont exposés à d'étranges erreurs, faute d'un livre concis et bien fait qui leur explique exactement non-seulement la théorie, mais les moindres détails, mais les termes techniques d'une science qui peut se mettre à la portée de tout le monde quand chacun en saura parler le langage; telle est la lacune scientifique que nous voulons combler en faisant pour la marine ce que nous avons fait pour l'histoire naturelle dans notre publication du *Jardin des Plantes*.

Grâce aux connaissances d'un officier de la marine royale qui a réuni à une longue pratique les études sérieuses du cabinet, nous présentons dans un ordre logique les notions dispersées çà et là sur ce sujet intéressant ; et malgré l'exactitude minutieuse des descriptions, nous espérons les avoir rendues parfaitement intelligibles pour les gens du monde.

Ainsi, prenant son art à son point de départ, l'auteur vous conduit dans l'arsenal de marine; il vous en fait la description complète : là sont les membres épars du navire, il vous en nomme chaque partie; il vous indique comment cette grande œuvre s'ébauche, comment elle s'achève, comment enfin le navire est lancé à la mer. Ceci est le sujet du premier chapitre. Au second chapitre, l'auteur explique les différentes sortes de navires, depuis le radeau et la trirème antique jusqu'à la galère du moyen âge, le vaisseau moderne et le bâtiment à vapeur. Au chapitre suivant, le vaisseau est armé, chaque chose est à sa place, chaque homme est à son poste, le vaisseau est habité enfin ; et alors il vous raconte d'une façon sérieuse les mœurs, les habitudes, les travaux de cette république flottante.

Le chapitre suivant traite du pavillon, de son origine, des honneurs qui lui sont dus. Viennent ensuite les détails des manœuvres et des mouvements du navire ; l'explication complète de plusieurs problèmes dont il est difficile de se rendre compte tout d'abord : par exemple, comment, avec le même vent, un navire peut suivre tant de routes diverses ; et, en un mot, les mystères de ces mouvements si complets, si intelligents, si rapides. Arrivent en même temps, comme à leur place naturelle, les grandes théories de la navigation, les vents généraux, les courants, l'art de diriger les routes, sans tomber toutefois dans le détail des livres élémentaires. Ainsi nous esquisserons en traits généraux la configuration de toutes les côtes du globe; nous expliquerons comment, dans une position donnée, on peut reconnaître la terre, et comment, quand les ressources de son art lui font défaut, le marin doit en trouver de nouvelles dans son courage et sa présence d'esprit.

Et quand enfin nous vous aurons raconté les différentes stations des vaisseaux sur tous les points importants du globe, dans les ports les plus fréquentés, aux rivages heureux où l'hospitalité et le repos attendent le marin; quand nous vous aurons représenté de notre mieux les combats les plus glorieux dont la mer a été le théâtre orageux ou calme, notre œuvre sera accomplie, nous vous aurons initié à ce vaste ensemble de faits et d'idées où la pensée et l'action se mêlent sans cesse et se confondent dans un même but de hardiesse et de prévoyance. Comme épisodes non pas cherchés, mais nécessaires, nous aurons à vous raconter les dangers, les vicissitudes, les caprices de la mer, les désordres et les crimes dont elle a été le témoin, leur répression et la police de ces océans divers.

Afin de compléter cette œuvre, qui ne sera pas sans utilité pour le lecteur, si elle est sans gloire pour ceux qui l'entreprennent, nous avons appelé à notre aide les plus habiles peintres de marine de ce temps-ci, des gens qui sont des artistes, il est vrai, mais qui sont aussi des marins : MM. Gudin, E. Isabey, Morel-Fatio. Ils ont bien voulu les uns et les autres se rappeler en notre faveur les moindres détails de ce monde spécial, dont l'ensemble est si curieux, et dont l'intérêt grandit encore quand on l'examine de plus près.

## CONDITIONS DE LA SOUSCRIPTION.

L'ouvrage se composera de trente livraisons, contenant chacune une feuille de texte avec des gravures sur bois, et une gravure sur acier ou une gravure sur bois coloriée. — Il sera complet le 15 novembre.

Il paraît une livraison le samedi de chaque semaine.

PRIX DE LA LIVRAISON : 50 CENTIMES POUR PARIS, 60 CENTIMES POUR LES DÉPARTEMENTS;

L'OUVRAGE COMPLET : 15 FRANCS.

ON SOUSCRIT A PARIS :

Chez L. CURMER, éditeur,

rue Richelieu, 49, au premier ;

et chez tous les libraires de France et de l'étranger.

Paris. — Typographie SCHNEIDER et LANGRAND, rue d'Erfurth, 1.

CURMER
RUE
RICHELIEU 49
A
PARIS

LA
MARINE.

# LA

# MARINE.

TYPOGRAPHIE
SCHNEIDER ET LANGRAND,
rue d'Erfurth, 1.

# LA
# MARINE,

ARSENAUX, NAVIRES, ÉQUIPAGES,
NAVIGATION, ATTERRAGES, COMBATS,

PAR

## M. EUGÈNE PACINI,

OFFICIER DE LA MARINE ROYALE

ILLUSTRATIONS

## DE M. MOREL-FATIO.

PARIS.

L. CURMER, ÉDITEUR,

49, RUE DE RICHELIEU,

AU PREMIER

M DCCC XLIV.
1843

# LA MARINE.

## L'ARSENAL.

L'Océan couvre la plus grande partie du globe terrestre, ses flots séparent les continents et roulent librement de l'un à l'autre pôle, dont ils connaissent seuls les secrets.

Les vents, en pressant la surface des mers, y creusent de mobiles sillons. Les vagues se forment sous leur souffle d'abord modéré, puis, quand leur force augmente, qu'ils se déchaînent avec furie, elles se dressent plus hautes; leurs sommets, exposés aux efforts de la tempête, sont poussés avec impétuosité, se couronnent d'écume et s'élancent en brisant; les vagues sont devenues des lames. Après avoir épuisé ses colères, le vent se calme; mais l'agitation produite sur la mer subsiste pourtant longtemps encore; elle ne se dessine plus en lames à la crête recourbée, mais de longs plis

onduleux propagent leurs mouvements d'un bout à l'autre de l'horizon :
cet état de la mer s'appelle la houle.

Une fois établie, elle dure encore après que des vents opposés ont commencé à lever de nouvelles vagues ; et souvent, dans une tempête, des lames puissantes se dressent sur le flanc d'une grosse houle accourue d'un autre point.

Les vagues et les lames, en battant une côte, empêchent toute communication de la mer au rivage ; lors même que le calme règne, si la houle rencontre une terre escarpée, ses longs rouleaux, animés d'un mouvement régulier et monotone, déferlent avec fracas contre l'obstacle qui s'oppose à leur développement, et le couvrent d'écume. Ses ondulations viennent-elles échouer sur une plage en pente douce, leur sommet, toujours doué de la même vitesse, surplombe la base que le fond retarde, leur flanc verdi se raye d'écume, leur crête se couronne d'une houppe échevelée, se courbe en avant, et brise en étendant au loin sur le rivage une nappe blanche que le sable absorbe et qu'une autre vient incessamment remplacer.

Ainsi, sur les côtes de l'Inde, pendant la belle saison, la mer, à peine agitée par une brise régulière, est couverte de milliers d'embarcations légères qui la sillonnent sans inquiétude; et cependant la houle, insensible au large, se dessine à terre en brisants impétueux : cinq lames se succèdent rapidement, la dernière s'élance au loin sur la plage. A Madras, à Pondichéry, il est impossible aux canots européens de franchir cette barre; les *chelingues*, au fond plat, aux bords élevés; le *catimaron*, radeau insubmersible, peuvent seuls l'affronter. Leurs équipages de *lascars* accompagnent de chants plaintifs le mouvement de leurs avirons. Leurs cris de *yaldi !* ordinairement si monotones, se répètent avec l'accent de la plus vive terreur au moment où la lame enlève sur sa crête l'embarcation qu'il n'est plus possible de diriger, et qu'elle roule quelquefois dans ses tourbillons mêlés de sable et d'eau.

Il arrive que, par un calme plat, sans cause apparente, une houle prolongée plisse la surface des eaux; alors les lames du rivage deviennent infranchissables, et jusque par vingt mètres de profondeur les ondulations de la houle, gênées dans leur développement, se changent en brisants monstrueux; le fond de la mer en est remué; les ancres, solides jusque-là, glissent sur un sol mouvant. A l'île de Bourbon, aux Antilles, dans l'Inde, partout où les bâtiments *mouillent* en *pleine côte*, un sort funeste attend le marin qui n'aura pas su prévoir le *ras de marée,* et profiter des plus légers souffles de brise pour s'éloigner de la terre; trop heureux encore, en abandonnant son ancre et sa chaîne, ou son câble, s'il réussit à sauver son navire, son équipage et sa cargaison!

Dans les mers resserrées, les vents soulèvent des vagues moins grosses, des lames plus courtes, et la houle cesse presque en même temps que la brise. Dans un espace encore plus restreint, dans une baie qui ne communique avec l'Océan que par un étroit passage, les grosses houles expirent avant de l'avoir traversé; les lames creusées par le vent dans un champ borné ne deviennent jamais dangereuses. C'est donc dans une petite baie, dans une rade qu'on peut établir des communications faciles avec l'Océan. Les côtes de ces bassins propices sont toujours hospitalières; par tous les temps une frêle embarcation peut en parcourir la surface, en aborder les rivages, et les navires y trouvent un abri tutélaire dans une mer paisible. Une autre enceinte plus resserrée encore, le port, renferme les bâtiments sans emploi, ceux qui, froissés dans leur lutte avec les flots, viennent y réparer leurs avaries, et ceux qui se disposent à les braver à leur tour.

Les rivières, ces artères vivifiantes d'une contrée, apportent à leur embouchure les produits du sol qu'elles parcourent. Là s'élèvent les villes de
commerce les plus florissantes : le Havre, port de Paris; Londres, dont la
position sur la Tamise a peut-être fait la puissance de l'Angleterre; la
Nouvelle-Orléans, cette reine de l'immense empire du Mississipi; Calcutta,
Bordeaux, villes de palais; Lisbonne, Hambourg, Nantes, ont dû à leur
position la splendeur de leur commerce. Les ports destinés à l'équipement
des bâtiments de guerre ont d'autres conditions à remplir; il leur faut
assez d'étendue pour permettre une libre circulation de l'un à l'autre des
magasins, des ateliers et des chantiers qui en garnissent les bords, et dont
le nombre est proportionné à celui des vaisseaux qu'ils peuvent contenir.
L'ensemble de ces établissements maritimes et militaires constitue un
arsenal.

La position géographique d'un port de guerre est pour beaucoup dans
son importance. En vain une rade fermée inviterait-elle à y établir un
arsenal, si elle est située au fond d'un golfe de difficile accès. Il faut, au
contraire, qu'au moyen des vents régnant d'ordinaire sur la côte, les escadres puissent atteindre promptement la haute mer ou les côtes des puis-
sances ennemies.

Morl Fatio pins.　　　　　　　　　　　　　　　　Buzelot. sculp

Ce n'est pas seulement contre les coups de vent et les lames que l'étroite entrée d'une rade protége les vaisseaux; ils doivent être défendus aussi contre les attaques des flottes étrangères. A l'entrée des goulets, autour de la rade, chaque pointe est garnie d'un fort, d'une batterie à plusieurs étages, de mortiers, de fours à boulets rouges, et le profil des caps se dessine sur le ciel, tout dentelé de bouches de canon.

L'Espagne, jadis maîtresse sur les deux mers qui l'entourent, préside, de la baie de Cadix, aux communications de la Méditerranée à l'Océan. Les navires partis de ce port atteignent en quelques jours les parages heureux des vents alisés. L'arsenal de Cadix, la Carraque, fut un des plus beaux du monde; le Ferrol, près du cap Ortegal, ne lui cédait guère en magnificence; mais l'issue de la rade, dont les deux rives serpentent parallèlement, en rend la sortie impossible par les vents d'ouest qui y sont cependant les plus fréquents.

La Hollande établit dans ses marécages des arsenaux d'où sortirent des flottes célèbres dans l'histoire.

Les États-Unis, réunissant au suprême degré l'esprit commercial et maritime, ont aussi la plupart de leurs *navy-yards* (arsenaux) dans le voisinage des ports de commerce.

La Russie a placé à Cronstadt sur la Baltique, à Sébastopol sur la mer Noire, à Archangel sur la mer Blanche, les établissements de sa marine. Chacune de ses provinces, de ses villes importantes, est obligée à l'entretien permanent d'un vaisseau; dès qu'un de ceux sortis de l'arsenal est hors de service, un vaisseau neuf est tout prêt à le remplacer. Mais l'immense distance qui sépare ces arsenaux condamnerait la Russie à entretenir trois flottes, si jamais elle avait à lutter seule pour l'empire de la mer.

Par l'admirable position de Constantinople, lien de l'Asie et de l'Europe, du fond de la *Corne d'Or* la Turquie domine sur le Bosphore le passage de la mer Noire à la Méditerranée.

Alexandrie, clef de la route des Indes, dont son illustre fondateur avait deviné l'importance, renferme un arsenal tout moderne. Les constructions navales y ont peut-être été en progrès sur celles des Européens; mais le peu d'eau qui se trouve dans les passes oblige les vaisseaux de haut bord à débarquer leurs canons sur des *djermes*, bateaux du pays, pour entrer ou sortir de la rade; la promptitude avec laquelle les équipages de Méhémet-

Ali exécutent cette pénible opération a souvent excité l'admiration de nos
marins.

Favorisée de la nature, la côte de l'Angleterre, que baigne la Manche,
est *saine* et d'un accès facile; point de ces rochers aigus qui hérissent les
abords de la Bretagne et de la Normandie, ni de ces longues chaînes d'é-
cueils qui projettent sous les flots leurs pointes perfides; des baies pittoresques découpent une terre assez élevée pour être aperçue de loin par le
navigateur : telles sont les rades de Falmouth, Darmouth, dont les entrées
sinueuses sont tellement abritées, que les navires qui y pénètrent ne reçoivent bientôt plus assez de vent pour gouverner. Plymouth, moins protégé
contre la mer, mais dont une jetée, construite dans l'intérieur de la baie,
complète la clôture imparfaite; Portsmouth, le premier arsenal de la
Grande-Bretagne, dont le port intérieur peut être regardé comme une autre
rade; Shernesse, à l'embouchure de la Tamise; et Yarmouth, enfin, vis-à-
vis de la Flandre, sur la mer du Nord.

Ainsi l'Angleterre semble un vaste bastion dont les embrasures s'ouvrent sur les deux mers, et que la France menace sur un seul front de ses
batteries avancées de Brest et de Cherbourg.

Morel Fatio pinx.

H Guesnu sculp.

Entrée de l'Arsenal.

Les côtes de France sont divisées en cinq arrondissements maritimes ; chacun d'eux a pour chef supérieur un officier général de la marine. L'autorité de ces *préfets maritimes* s'étend sur les fonctionnaires et les marins du commerce aussi bien que sur ceux de l'État. Chaque arrondissement renferme un des cinq ports militaires de France.

Le premier est Cherbourg, situé sur une côte presque droite, dans les conditions les moins favorables à la navigation, mais que, par un travail gigantesque, on a rendu un arsenal de premier ordre. Une digue, construite en mer par cent pieds de profondeur, fait, de tout l'espace compris entre elle et la terre, une rade tranquille ; c'est dans des parages orageux sillonnés par des courants rapides, que, sous le règne de Louis XVI, on a osé jeter les bases de cet ouvrage prodigieux, qui s'élève maintenant au-dessus du niveau de la mer.

A chacune des extrémités de la digue, un étroit passage, protégé par les feux croisés de deux forts, permet aux bâtiments de prendre la mer, quelle que soit la direction du vent. Avec une rade, il fallait un port ; pour continuer les merveilles de cette entreprise, c'est dans le roc vif que Napoléon a commencé à creuser des bassins qui contiendront cinquante vaisseaux de ligne.

Brest est le chef-lieu du deuxième arrondissement maritime, qui comprend toute la côte, depuis Granville jusqu'à Quimper ; son arsenal a joué le plus grand rôle dans les luttes de la France avec l'Angleterre, et c'est à peine si le mouvement qui appelle dans la Méditerranée la majorité de nos forces navales a diminué son importance. Située à l'extrémité de la Bretagne, cette rade est une des plus belles du monde ; son bassin, de plus de trois lieues de diamètre, communique à la mer par un goulet large à peine d'un mille, et que divise encore une chaîne de roches sous-marines. Les bâtiments y sont à l'abri des coups de vent, mais les eaux qu'elle renferme, battues de violentes tempêtes du sud-ouest, imitent les mouvements de la grande mer, et dessinent quelquefois d'assez fortes lames pour compromettre les embarcations qui entreprennent de les affronter.

En dehors du goulet, deux chaussées, ou chaînes de roc, s'étendent à treize milles au large ; sur celle du nord, qu'un de ses groupes a fait nommer la *chaussée des pierres noires*, s'élèvent plusieurs îles, dont la plus grande, Ouessant, forme la pointe avancée des écueils, et porte le phare qui les annonce au navigateur; sur la chaussée du sud, s'élève l'île de Sein, célèbre dans les fastes druidiques, et dont les habitants ont conservé la pure langue des Celtes. Dans ce dédale de rochers aux noms pittoresques et souvent dramatiques, le passage de Toulinguet est formé par la côte et un îlot d'une singulière structure; il est percé à la hauteur de vingt pieds d'un trou de quelques brasses de diamètre. Lorsqu'on franchit le Toulinguet, on voit défiler dans ce cadre bizarre la verdure de la côte opposée, le phare et les ruines gothiques du couvent de Saint-Mathieu.

L'arsenal secondaire de Saint-Servan, situé sur la côte vis-à-vis de Saint-Malo, dans la baie de Dinan, appartient au deuxième arrondissement; il renferme des chantiers où l'on construit des corvettes et des frégates; une fois ces bâtiments lancés à la mer, c'est à Brest qu'ils vont effectuer leur armement.

Le troisième arrondissement maritime est formé de tout le littoral, depuis Quimper jusqu'aux Sables-d'Olonne. Son chef-lieu, l'arsenal de Lorient, a été construit par la compagnie des Indes, dont il atteste la grandeur malheureusement éphémère; la rade est parfaitement sûre; mais les vases charriées par le Blavet la comblent, et diminuent sans cesse la profondeur des passes, qu'un grand nombre de *cure-môles* à vapeur peuvent à peine entretenir. Son entrée est très-étroite; un bâtiment venant du large est obligé de *tangenter* du bord de sa voilure la citadelle de Port-Louis, pendant que son flanc gauche rase une roche appelée la Jument.

De nombreux écueils s'étendent entre Port-Louis et l'île de Grois, distante de trois lieues; le canal qui la sépare du continent, le *Coureau*, est le principal théâtre de la pêche de la sardine. Tous les ans, quand la saison s'en approche, plus de mille bateaux se rassemblent pour l'inaugurer; alors les pêcheurs, dans leurs habits de fête, ornent leurs embarcations de lambeaux d'étoffes brillantes, de bouquets et de branches vertes; ils escortent un chasse-marée tout pavoisé et chargé de guirlandes de feuillage et de fleurs. Du haut de la poupe de cette moderne *Théorie*[1], un prêtre donne au *Coureau* la bénédiction sacramentelle.

L'arsenal de Rochefort, chef-lieu du troisième arrondissement, qui s'étend des Sables-d'Olonne jusqu'aux frontières d'Espagne, est établi sur la

---

[1] *Théorie*, navire sacré que les Athéniens expédiaient à Délos.

Charente, à huit lieues de son embouchure. Ce fleuve, d'un cours si peu
étendu, a cependant assez de profondeur en cet endroit pour porter les bâtiments de guerre. Il coule entre des rives basses et vaseuses, de sorte que de
la campagne on peut apercevoir un vaisseau sous toutes voiles qui semble
naviguer dans une prairie.

Les bâtiments armés à Rochefort vont attendre en rade de l'île d'Aix le
moment du départ.

Le cinquième arrondissement maritime a pour chef-lieu Toulon ; il
comprend toute la côte française sur la Méditerranée. La beauté du climat, la vivacité méridionale des marins de ces contrées, la commodité de
la rade et du port, donnent à cette ville un aspect particulier. Les environs
de la rade ne sont point attristés par des écueils ; point de ces récifs sur
lesquels une mer grise vient hurler en se brisant. Un ciel ardent se réfléchit dans une mer azurée ; de jour ou de nuit, par un vent favorable ou
contraire, les bâtiments *appareillent* ou *viennent au mouillage*. Si leurs
capitaines, trop hardis, se hasardent à *courir une bordée* trop près de
terre, s'ils échouent, une vase molle reçoit le vaisseau, qu'il est aisé de

*rafflouer*. Une double rade, un double port, tels sont les avantages que Toulon offre aux établissements de la marine. La mer, ignorant les mouvements du flux et du reflux, supporte les canots toujours au niveau d'un quai bordé de maisons, de cafés où se rassemblent les marins, dont les vives paroles s'entrecroisent bruyamment dans le patois provençal. Gâtés par la sérénité habituelle de l'atmosphère, à la moindre pluie les ouvriers du port suspendent leurs travaux pour se mettre à l'abri ; bien différents en cela de ceux de la Bretagne, qui poursuivent pendant des mois entiers de mauvais temps l'armement d'un vaisseau. Non loin de Toulon, les îles d'Hyères offrent un mouillage fréquenté par les escadres d'évolution ; le joli bourg situé sur la côte vis-à-vis de ces îles, et qui leur a donné son nom, présente, du large, une vue ravissante : des jardins peuplés de citronniers, de cédrats, d'orangers, bordent la mer bleue de leur éternelle verdure, et parfois la brise de terre en apporte jusqu'au mouillage les volatiles parfums.

La population des ports présente une physionomie particulière : aux approches d'une ville maritime, les faubourgs regorgent de cabarets dont les enseignes flattent perfidement l'amour-propre des matelots : Au Brave marin, Au nouveau Jean-Bart, Aux Vainqueurs de Navarin, Au Rendez-vous des braves, A la Belle-Poule, etc.; d'autres retracent sur leurs tableaux l'union d'un soldat et d'un marin trinquant fraternellement ensemble, allégorie qui n'est pas parfaitement exacte, car c'est souvent du fond de la bouteille que sortent les querelles qui troublent toute une ville.

Le large chapeau de cuir bouilli, inconnu aux autres cités, sert de coiffure aux artisans civils comme aux ouvriers du port, et même, depuis que le luxe a fait tant de progrès, les apprentis des boutiques poussent l'élégance jusqu'à garnir d'un ambitieux galon une casquette semblable à celle des officiers de marine, tout en conservant dans leurs vêtements le cachet de leur profession.

Les classes élevées, aussi bien que les gens du peuple, tiennent à la marine par toutes sortes de liens; les idées et le langage contractent un tour maritime qui ne laisse pas de paraître, aux nouveaux venus de l'intérieur, original et pittoresque. On s'informe avec sollicitude des incidents de leur *traversée*, on s'émeut du danger qu'ils ont couru de *chavirer* en route, on compatit aux ennuis d'une *relâche* à l'auberge, nécessaire pour réparer les

Morel Fatio pinx.

H. Guesnu sculp.

Intérieur de l'Arsenal.

*avaries* de leur voiture, et l'on remarque qu'il leur a fallu *sailler de l'avant* pour arriver aussitôt *à bon port*.

L'arsenal ne s'ouvre aux visiteurs qu'au moyen d'une permission signée par le major général, seconde autorité de l'arrondissement maritime. Depuis le bord du quai, une grille ou une muraille non interrompue enferme tous les établissements du port; une chaîne soutenue par des radeaux en continue sur l'eau la clôture; plusieurs issues flanquées de corps de garde, de factionnaires et de gardiens, donnent accès dans l'enceinte. Par mer, une partie mobile de la chaîne se replie pendant le jour pour la circulation des embarcations et des navires. Auprès de la chaîne est *amarré* un bâtiment qui sert de corps de garde flottant : on l'appelle l'*Amiral*, parce que c'est à son mât unique qu'est arboré le pavillon du préfet maritime.

C'est une frégate hors de service dont on a rasé un étage, à l'exception des deux extrémités : celle de l'*avant* renferme le poste des hommes de garde; celle de l'*arrière*, une chambre pour l'officier de service. Une toiture élégante, supportée par des cariatides, met à l'abri le pont entouré d'une balustrade façonnée; un double escalier à rampe sculptée sert à monter d'un radeau planchéié qui entoure le bâtiment. Dans l'*entre-pont*, se trouvent à l'avant des prisons pour les matelots récalcitrants, et à l'arrière, des cabines où les officiers coupables d'un manque au service ou d'une barbe trop longue subissent les arrêts.

La surveillance des travaux de l'arsenal est divisée en quatre directions :

Direction des mouvements du port ;

Direction des constructions navales ;

Direction de l'artillerie ;

Direction des subsistances.

Le premier édifice qui se présente en entrant, séparé de l'eau par un large quai, renferme les bureaux et les magasins de la direction du port. Son personnel se compose d'un capitaine de vaisseau, directeur, deux capitaines de corvette, sous-directeurs, et quatre lieutenants de vaisseau ; des maîtres de manœuvre à solde permanente sont attachés à ce *détail*, qui préside à tous les mouvements des bâtiments dans l'intérieur du port, en surveille l'amarrage et répond de leur sûreté. Cette direction comprend encore l'atelier des pavillons, des rideaux et des *tendelets* d'embarcations pour les amiraux; là se trouvent déposées comme de vénérables reliques les lourdes tentures brodées qui servirent au canot du roi (on ne spécifie jamais lequel).

Puis vient la VOILERIE, important atelier où sont assemblées ces vastes surfaces de toile qui doivent entraîner sous tant de climats différents les bâtiments maintenant immobiles et dégarnis.

Les voiles sont classées, suivant leur forme, en trois catégories différentes. La première comprend les voiles dites *carrées,* quoiqu'elles aient la forme d'un trapèze, dont les côtés supérieurs et inférieurs sont parallèles entre eux, et les deux autres côtés également obliques. Ces voiles seront attachées plus tard par leur partie supérieure à une pièce de bois nommée *vergue.* La deuxième catégorie est celle des voiles *latines,* ainsi nommées en raison de l'usage qu'en font les bâtiments des peuples latins qui bordent la Méditerranée; elles sont de forme triangulaire, ou au moins elles peuvent passer pour telles, leur quatrième côté étant très-petit, comparativement aux autres. Ces voiles s'attachent dans le sens de leur plus grande longueur à des vergues qui prennent le nom d'*antennes.* Celles de la troisième espèce, les voiles *auriques,* affectent, entre quatre côtés, les formes les plus irrégulières. Dans cette catégorie se classent les *brigantines* et les *voiles de lougre.*

Les contours de toutes les voiles sont bordés d'un large ourlet nommé *gaîne,* qui se coud sur une *ralingue,* corde d'une texture molle. Les quatre ralingues d'une voile ne sont point d'égale force : celle qui s'applique sur la vergue ou sur l'antenne, la *têtière* ou *envergure,* est faible; l'inférieure, nommée *ralingue de bordure,* et les autres ralingues, qui sont les *ralingues de chute,* sont beaucoup plus grosses, parce que c'est par leurs angles que les voiles seront tendues au moyen de grosses cordes appelées *écoutes.* Ces angles s'appellent les *points.* Le long de la têtière, la voile est percée de pied en pied d'œillets qui servent à la lier sur la vergue; ces œillets se nomment des *œils-de-pie.* Parallèlement à la têtière ou envergure, la voile est renforcée de plusieurs bandes de toile en travers, larges de six pouces, séparées de quelques pieds l'une de l'autre, et que l'on nomme *bandes de ris* (la toile comprise entre chacune de ces bandes s'appelant un ris). Elles sont percées d'œils-de-pie par lesquels passent des tresses de cinq pieds de longueur, et que deux gros nœuds à leur milieu empêchent de se dépasser; ces tresses sont les *garcettes de ris.* Les coins supérieurs de la voile, ainsi que chaque extrémité des bandes de ris, sont munis de *cosses* ou œillets de fer.

Les voiliers travaillent assis sur des bancs de bois auxquels se lie par une petite corde un croc assez semblable à un hameçon : c'est au moyen de ce croc qu'ils fixent la toile qu'ils travaillent ; les lés sont assemblés par des coutures plates. Les voiliers conservent leurs aiguilles triangulaires dans des cornes pleines de suif; ils les poussent au moyen d'une rondelle de fer ciselé, qu'une sorte de mitaine de cuir fixe à la paume de la main, d'où ce dé plat a pris le nom de *paumelle*. Les voiliers, plus pénétrés de l'utilité de cet outil qu'instruits en mythologie, s'enorgueillissent de ce qu'il a, suivant eux, donné son nom à une frégate : *la Belle-Paumelle* (la Melpomène).

Les voiles ont été formées de tissus différents, suivant les époques et les pays : les anciens, et depuis eux les Orientaux, les firent en toile de coton, quelquefois en soie pour les navires de luxe. Les Égyptiens les chargeaient de dessins bizarres, d'emblèmes sacrés. Les Gaulois se servaient de cuirs cousus ensemble pour la voilure de leurs barques. Les voiles des *drakars* des Danois, des *nefs* normandes, étaient de tissu de chanvre et ornées des armoiries des chefs qui les montaient. Les Chinois et les Indiens ont des nattes de jonc pour la voilure de leurs *jonques* et de leurs *fnés*.

De nos jours les peuples de l'Europe n'emploient guère que la toile de lin ; cependant les Levantins font usage de tissus de coton, et l'on en a repris la fabrication à Marseille avec succès.

La CORDERIE ressort également de la direction des mouvements du port.

Une travée d'une longueur immense sert d'atelier pour la confection des cordages. Le chanvre filé en faisceaux d'une demi-ligne de diamètre forme les fils de *caret* ; ceux-ci, tordus ensemble au nombre de deux à six cents, deviennent un *toron* ; trois ou quatre torons tournés autour d'un faisceau de fils de caret appelé *mèche*, forment un cordage *commis en aussière* ou une *aussière* ; trois aussières tournées autour d'une mèche forment un *grelin* ; les *câbles* ne sont autre chose que de forts grelins.

La longueur de la corderie est nécessairement le double de celle des cordages qu'on y confectionne, à cause de la réduction que la torsion opère sur la longueur des fils de caret ; elle est d'ordinaire de quatre cents mètres. Celle de Toulon est citée pour sa voûte élevée en pierre de taille.

En arrière de la corderie, la *pigoulière*, où l'on tient en fusion le goudron dont tous les fils de caret doivent être imprégnés avant la confection des cordes, ne communique avec elle que par un pont de pierre, de crainte des incendies.

La GARNITURE est à la suite de la corderie.

Cet atelier est celui où les cordes de toutes grosseurs fournies en pièces de cent vingt brasses (la brasse est longue d'un mètre soixante-six centimètres) sont débitées et préparées pour leurs différents usages à bord. Les cordages ou *manœuvres* d'un navire sont divisés en deux classes : les *manœuvres dormantes*, qui une fois mises en place et roidies pour assurer les mâts, soutenir les vergues, etc., ne sont plus mobiles, et les *manœuvres courantes* qui, étant destinées à mouvoir mâts, vergues et voiles, sont toujours susceptibles de courir dans les poulies où elles passent. A la *garniture* on fait à toutes ces manœuvres les colliers qui les fixeront à la tête des mâts, au bout des vergues ; on y place les poulies qu'ils doivent embrasser, on les recouvre d'une ou deux *couches* de fil de caret tourné autour, comme le fil métallique qui recouvre les grosses cordes d'une harpe, dans les endroits où le frottement des manœuvres courantes pourrait entamer le corps du *filin* : c'est ce qui s'appelle *fourrer* une manœuvre.

Au luxe de goudron dont leur blouse ou *vareuse* est enduite, à l'abondante pelote de suif qui figure en guise de cocarde sur leur chapeau ciré,
il est facile de reconnaître les cordiers et les *gabiers de port*: tel est le nom
des ouvriers qui mettent en place et achèvent de confectionner le *gréement*
des navires que l'on arme. Ils ont la réputation, trop méritée, de travailler
grossièrement, quoique avec beaucoup de lenteur. Le gréement d'un navire
donne toujours lieu à de vives contestations entre le commandant du bâtiment, qui voudrait le gréer à sa manière, et le directeur du port, qui le
force à s'astreindre à un règlement très-peu explicite, mais qu'il se charge
d'interpréter; ne pouvant pas lui-même assister à tous les travaux, il en
charge des *maîtres* de sa direction. Ceux-ci n'obéissent qu'à leurs idées,
arrêtent toute observation, en prétendant que tel est l'ordre supérieur. Il
ne reste plus qu'à s'incliner devant cette volonté suprême, et à se résigner
à deux ou trois mois de travaux pour s'organiser plus convenablement
après avoir quitté le port.

A la suite de la *garniture*, sont placés les magasins où se conserve
l'ensemble des cordages, poulies, etc., qui, étant confectionnés en ma-

nœuvres dormantes, formeront le gréement des bâtiments de diverses grandeurs.

Entre ces magasins et le bord de l'eau, sur un large quai, sont établies des piles de canons, d'ancres, et de ces lingots de fonte appelés *gueuses*, lest des bâtiments.

La forme de l'ancre, emblème de la marine, est universellement connue. Elle se compose d'une verge de fer, que termine un double crochet appelé les *bras de l'ancre*. Chaque branche du crochet est terminée par un large triangle appelé *patte*; le bout aigu de la patte se nomme le *bec*. L'endroit de jonction de la verge aux bras s'appelle la *croisée*; le *biseau* qui termine cette partie renforcée de l'ancre se nomme le *diamant*. A l'autre extrémité de la *verge*, est un anneau de fer, la cigale de l'ancre. La barre de bois placée transversalement sous la cigale et formant la croix, se nomme le *jouail* ou *jas* de l'ancre. Des images inexactes ont accrédité une erreur grossière sur la forme de l'ancre : d'après elles, beaucoup de personnes croient que le jouail et les bras se trouvent sur le même plan; au contraire, ils ne peuvent être vus en même temps :

c'est-à-dire que, quand le jouail pose à plat sur le sol, une patte de l'ancre y est fichée, et l'autre est élevée en l'air; le jouail même n'a d'autre destination que celle de forcer l'ancre à se placer dans cette position, pour que le bec et la patte s'enfoncent en terre et lui donnent ainsi toute la tenacité indispensable à ce point d'appui. Les ancres empilées sur le quai

5

de l'arsenal varient de grandeur et de poids, de 150 à 5,000 kilogrammes. Maintenant que des chaînes en fer ont été substituées aux câbles de chanvre qui s'amarraient aux ancres, le jouail lui-même est une barre de fer ronde.

Ces chaînes sont formées de maillons ovales, dont l'écartement est maintenu par une petite traverse. De dix-huit brasses en dix-huit brasses, un maillon coupé se ferme par un boulon mobile, qui permet de subdiviser la longueur de la chaîne, et de s'en débarrasser dans un cas pressé, comme on ferait d'un câble en le coupant. La force des chaînes est éprouvée au moyen d'une machine hydraulique qui leur fait subir une tension excessive. Le principal avantage des chaînes sur les câbles est de ne point se couper au frottement des rochers et des coquillages qui tapissent le fond de la mer.

Banc de Voiliers.

## DIRECTION DES CONSTRUCTIONS NAVALES.

La direction des constructions navales préside à tous les travaux de construction des bâtiments et des embarcations, à leur mise à l'eau, à leurs aménagements, à leur ameublement. Elle surveille les ateliers de mâture, de sculpture, de peinture ; ceux où se confectionnent les gouvernails, les cabestans, les poulies et les avirons ; les forges, où se travaille la multitude de colliers, cercles, chevilles, chaînes, nécessaires à l'armement d'un navire ; la serrurerie, où s'exécutent les ouvrages plus délicats en fer ou en cuivre.

Le personnel de cette direction est composé d'ingénieurs de marine. Sortis de l'école polytechnique, les jeunes gens qui ont choisi cette carrière en étudient pendant deux ans la spécialité à l'école d'application établie à Lorient, et sont ensuite répartis comme sous-ingénieurs dans les différents ports de constructions maritimes.

Les ateliers qu'ils surveillent sont les plus nombreux et les plus importants de l'arsenal ; les chantiers, sur lesquels cinq ou six vaisseaux de ligne, autant de frégates et de bricks sont en construction, emploient à eux seuls le plus grand nombre d'ouvriers et la plus grande quantité de matériaux. Un vaisseau de premier rang, consommant à peu près cent vingt mille pieds cubes de bois, les approvisionnements sont considérables ; car il est de la plus grande importance de ne point employer des bois nouveaux, sujets à se déjeter.

La construction des bâtiments est divisée en vingt-quatre phases. En temps ordinaires, on avance chaque année un bâtiment de trois ou quatre de ces périodes, appelées simplement des vingt-quatrièmes ; arrivé au vingt-deux vingt-quatrièmes, on attend que le besoin s'en fasse sentir pour mener à fin sa construction.

Les bois de construction, et ceux de *mâture*, sont conservés dans l'eau ; depuis peu, on a imaginé de les conserver dans le sable, et le port de Cherbourg recueille de très-bons effets de cette méthode.

La découverte récente du docteur Bouchard, qui consiste à injecter dans les veines de l'arbre sur pied des liquides qui passent dans sa circulation, permet d'espérer qu'il deviendra possible d'y couler certains mélanges chimiques qui augmenteront, suivant leur nature, la dureté, le moelleux, et l'incorruptibilité du bois.

Les bâtiments se construisent sur des chantiers nommés *cales de constructions*: ce sont des plans inclinés descendant jusqu'à la mer ; elles sont formées d'une maçonnerie solide, sur laquelle sont posés en travers d'énormes madriers espacés environ d'un pied. Quelques-unes de ces cales sont surmontées d'une voûte supportée par une colonnade légère; sur les autres, on construit un toit provisoire pour abriter le vaisseau.

Lorsqu'on construit un bâtiment, la première pièce que l'on pose est la *quille*, formée de plusieurs fortes pièces de bois, quadrangulaires comme les poutres de nos maisons, ajoutées les unes aux autres, et qui reposent dans le sens de la longueur de la cale.

Sur la quille se montent perpendiculairement les membres ou couples ; ils figurent absolument les côtes d'un animal qui viennent s'enchâsser dans son épine dorsale. A l'une des extrémités de la quille, la plus proche de la mer, qui doit former l'*arrière* du bâtiment, au bas de la cale, une pièce de bois vient s'enter sur la quille : c'est sur elle que plus tard s'accrochera le gouvernail ; l'inclinaison de cette pièce de bois, appelée *étambot*, qui monte presque à la hauteur des couples, varie suivant le plan du constructeur. A l'autre bout, au haut du chantier, à l'endroit où sera l'*avant* du bâtiment, la quille se relève en ligne courbe ; cette partie, qui fendra les flots, s'appelle l'*étrave*.

Pour fixer les membres ou couples, de fortes pièces de bois courent sur la membrure à diverses hauteurs, de l'étrave à l'étambot ; on les nomme des *serres*.

D'autres fortes pièces de bois, placées transversalement à la quille, et reposant de chaque bout sur les serres, en maintiennent l'écartement et supportent les planchers des *ponts* ; leur longueur détermine la largeur du navire. Ces pièces de bois se nomment *baux* ou *barots* ; ils sont courbés en dos d'âne pour faciliter l'écoulement des eaux par les gouttières placées le long des deux bords, et que l'on appelle *dalots*. La pièce de bois longitudinale reliant entre eux les couples et supportant les baux s'appelle la *serre-bauquière*.

Les baux ou barots, recouverts d'un plancher, forment les ponts ; ils règnent à tous les étages du bâtiment, dans toute sa longueur, et sont seulement percés de panneaux pour communiquer de l'un à l'autre. Le nombre d'étages ou de ponts d'un navire sert à en désigner la grandeur, le rang.

Pour joindre le dernier couple de l'arrière à l'étambot, en un mot pour fermer le bâtiment, on construit l'*arcasse*. Cette partie se compose de fortes pièces de bois placées horizontalement, appelées *barres d'arcasse*, soutenues par des pièces verticales, analogues aux membres, que l'on nomme *estains*.

Au milieu du navire, les membres ont beaucoup plus d'écartement, d'ouverture que dans les extrémités. Vers l'avant, ils se ferment en conservant toujours extérieurement une forme convexe. Vers l'arrière, au contraire, ils rentrent et font le creux en dehors dans les parties inférieures. Les courbes suivant lesquelles ces formes creuses se relient au renflement du milieu du bâtiment s'appellent les *façons de l'arrière;* on dit de même les *façons de l'avant.* Le couple le plus ouvert se nomme le *maître couple;* il se trouve un peu en avant du milieu du bâtiment.

Lorsque la quille a été posée, que les couples ont été élevés perpendiculairement sur elle, que les serres courant sur les couples ont commencé à dessiner les façons du navire; que l'arcasse a été montée, les baux endentés dans les serres, etc., etc., le bâtiment est dit *monté en bois tors.*

Il reste à le recouvrir extérieurement de planches, ce que l'on appelle *border*, d'où ces planches prennent le nom de bordages. Celles qui revêtent intérieurement le navire se nomment *vaigres*. Vaigres, membrure, bordages, forment ensemble la muraille du bâtiment.

Pour fixer plus solidement le pied des membres, une pièce de bois, appelée *la carlingue*, de longueur égale à la quille, est placée intérieurement dans la fourche de leurs parties inférieures, parties que l'on nomme les *varangues*. La carlingue reçoit les pieds des mâts, qui viennent s'y implanter après avoir traversé tous les ponts.

Le dessin de toutes les pièces qui entrent dans la construction d'un bâtiment est tracé en grandeur naturelle sur le plancher d'un vaste hangar appelé *salle des gabarits*. Un ingénieur est toujours chargé de surveiller ce tracé d'après le plan en petit; mais, quand ce plan n'est pas son ouvrage, il s'en rapporte au sous-ingénieur, lequel a la plus grande confiance dans le maître charpentier; aussi ce dernier dit-il avec gravité : Mon vaisseau ! Les matelots sont convaincus de cette vérité, et croient que le plus ou le moins de bonheur du maître charpentier rejaillira sur le navire. A bord d'un bâtiment en péril de naufrage, qui broyait sa quille en talonnant au milieu de la nuit sur un banc de corail, nous avons entendu un matelot charpentier s'écrier : « J'en étais sûr ; ce pauvre maître Éloi n'a jamais eu de bonheur ! » Et l'homme qui s'apitoyait ainsi sur le mauvais sort du constructeur, probablement alors paisible sous son toit, n'était pas certain de revoir le lever du soleil !...

Les contre-maîtres charpentiers taillent sur de minces planches le dessin des couples, des barres d'arcasse, etc., etc.; et ces planches apportées sur le chantier servent de patrons pour la coupe définitive des gros bois de charpente.

L'étranger qui visite un port ne doit pas oublier la salle des modèles. Quoique presque tous les arsenaux aient été mis à contribution pour fournir les éléments de l'invisible musée naval de Paris, on y trouve encore des ouvrages dignes d'admiration. Chaque vaisseau que l'on construit est reproduit en même temps en petit; on y emploie scrupuleusement, quoique dans des dimensions réduites, le même nombre de pièces, chevilles, clous, agrès. Chacun de ces modèles, de la plus complète exactitude, est d'une valeur d'environ 25,000 francs. Cette collection intéressante fournira à la postérité les documents qui nous manquent pour connaître les véritables formes des navires des siècles passés.

Après la salle des modèles, n'oublions pas une des curiosités des chantiers de construction : le dernier canot construit pour le souverain ; à Toulon, celui qui mena le duc d'Angoulême visiter la flotte prête à faire voile pour la conquête d'Alger ; à Brest, celui que l'Empereur avait monté à Anvers, et qui y fut envoyé de ce port avant 1814. Ce canot n'est pas moins remarquable par la richesse de ses ornements que par le caractère flamand de ses sculptures.

Des Tritons joufflus sonnent de la conque marine à l'*avant ;* un bas-relief doré règne autour du plat-bord et s'unit à une galerie qui déborde l'*arrière*. Cette galerie est soutenue à plusieurs pieds au-dessus de l'eau par des Néréides ; elle devait porter des musiciens. Le canot, dont la boiserie intérieure est rehaussée de cuivre, laisse à l'arrière un espace de dix pieds au moins de longueur réservé pour l'auguste passager et sa suite. Aux quatre angles, deux Gloires et deux Renommées soutenaient de leurs bras tendus la tente de velours violet semé d'abeilles d'or ; seize bancs de rameurs, en acajou, occupaient le reste du canot ; les avirons en bois de frêne doré portaient chacun sur leur pelle l'image d'un poisson peint avec une finesse remarquable. Le gouvernail, surmonté d'une tête de guerrier antique, fut tenu par un capitaine de vaisseau dans cette visite de Napoléon à son escadre à Anvers. Grâce à sa carène soignée, à ses trente-deux rameurs, et malgré les ornements pesants dont elle était surchargée, cette embarcation, voguant par un beau calme, offrait un magnifique spectacle. Mais par un gros temps, cette espèce de char pompeux poussé en dérive par l'effet du vent sur sa masse, en dépit des efforts de son équipage, eût été moins convenable pour un souverain que la yole légère qui fend les lames et bondit, malgré la fureur du vent, sur leur crête écumeuse.

Pour exécuter les ornements en relief, pour fournir aux éperons des bâtiments leurs figures caractéristiques, la direction des constructions navales possède encore l'atelier de sculpture. C'est de là que sortent les Néréides bouffies, les Dianes que l'exercice de la chasse a engraissées, les dragons menaçants, les hussards plus roides encore que ceux dont s'amusent les enfants..... Mais c'est aussi de l'atelier de sculpture d'un arsenal qu'est sorti l'illustre Puget.

Le bâtiment, une fois muni de ses revêtements intérieurs et extérieurs, est livré au *calfatage*, qui doit empêcher l'eau de pénétrer dans sa cale. On bourre toutes ses fentes d'étoupe chassée à grands coups de maillet et recouverte d'un enduit de *brai*, sorte de résine noire. Cette opération se renouvelle chaque fois qu'un bâtiment revient d'une longue campagne. Les ouvriers employés à ce travail sont les *calfats* : abrutis par ce métier assourdissant, ils jouissent d'une réputation de crétinisme proverbial, que cependant ils sont loin de reconnaître. Ils se piquent au contraire de finesse, qualifient agréablement de *boîte à malice* la caisse qui renferme leur infernal maillet, et professent pour leurs *collègues* une amitié fraternelle. Imbu de la haute portée de son état, un maître calfat disait à un apprenti maladroit : « Jamais tu ne deviendras un calfat ; va dire à ton père qu'il fasse de toi un chirurgien ! »

Pour *radouber* leurs bâtiments, les anciens les traînaient sur la plage ; cette opération leur était facile par la construction plate de leurs navires.

Dans les temps modernes on a réparé les navires en les couchant sur un côté, puis sur l'autre ; ce qui s'appelle *abattre en carène*. Les ouvriers, établis sur un radeau, *changeaient* les pièces de bois défectueuses, et *re-passaient* le calfatage.

Depuis moins d'un siècle, on a construit des bassins fermés par des portes comme les écluses des canaux; à la marée haute, on y amène le vaisseau qui a besoin de réparations, il y reste à sec, étayé de toutes parts; quand la mer se retire, les portes se referment, et les ouvriers peuvent travailler à l'aise. Dans les ports de la mer Méditerranée, qui ne ressent pas le mouvement des marées, on épuise l'eau des bassins au moyen de pompes mues par des machines à vapeur.

Lorsque la construction de la *coque* est terminée, on se dispose à l'importante opération de la mise à l'eau. Aux étais fixés dans le terrain pour soutenir le vaisseau, on en substitue d'autres, dont le pied aboutit à deux longues pièces de bois appelées *coittes* mobiles, qui glisseront sur le plan incliné de la côte de construction. Un système ingénieux de cordages, entrelacés d'un côté à l'autre sous la quille, soutient le bâtiment, qui descendra à la mer, porté sur cette espèce de traineau, qu'on nomme le *berceau* ou *ber*, sans qu'un seul clou les unisse l'un à l'autre.

Le jour du lancement, c'est grande fête à l'arsenal; cette solennité est toujours entourée d'une pompe théâtrale; les habitants attachent un intérêt paternel à ce vaisseau né sous leurs yeux. De toutes les villes voisines, la foule accourt à ce spectacle grandiose; c'est la plus puissante masse que l'homme mette en mouvement; c'est un traineau de géant qui va bondir dans sa course d'une effrayante rapidité.

Les chatoyantes parures des femmes, les uniformes dorés, émaillent la foule compacte qui remplit l'arsenal, et pavoisent de leurs couleurs variées des centaines d'embarcations, dont les passagères curieuses attendent avec impatience l'instant où le *remoux* causé par l'immersion du vaisseau leur procurera le charme frémissant des émotions mêlées de la joie et de la terreur. L'ingénieur, affairé, renouvelle au maître charpentier ses recommandations sur des précautions prises avant son arrivée. La marée haute, dans les ports de l'Océan, vient mouiller le pied de l'étambot; les derniers *étançons* fixes sont enlevés; le navire, porté sur son *ber*, n'est plus retenu que par un câble sur l'avant; naguère encore, un arc-boutant, fiché en bas de la cale et portant de l'autre bout sur l'étambot, formait seul le dernier obstacle à l'élan du navire; alors, au milieu de cette foule animée, on voyait s'avancer un homme vêtu de rouge, au visage pâle et désespéré. Armé d'une hache, il entamait l'arc-boutant, la *clef*; si le *ber* était bien installé, si les cordes, passées sous la quille, mouillées à propos, avaient bien soulevé le bâtiment, la masse énorme faisait sauter en éclat la *clef* déjà affaiblie, et l'infortuné, n'ayant pas le temps de se blottir dans un trou creusé en terre, sa seule chance de salut, disparaissait, broyé dans cet épouvantable choc. C'était un forçat qu'on désignait pour ce terrible office, et, lorsqu'il échappait à cette mort presque inévitable, sa grâce était le prix de son adresse. Aujourd'hui, la *clef* est enlevée avant que le câble soit coupé.

Sur le bâtiment, décoré de guirlandes de feuillage, de bouquets de fleurs, flottent des banderoles, des pavillons et des flammes; une musique militaire prend place sur le colosse chancelant. Le signal est donné; un silence religieux règne dans la foule assemblée. Le câble est coupé; le bâtiment, un moment immobile, s'ébranle lentement d'abord, puis, le mouvement se prononce, s'accélère, se précipite. Les *coittes*, en glissant, s'échauffent; le bois fume, s'enflamme même. L'*arrière* écarte la mer, la refoule, la soulève; forcée de recevoir brusquement un hôte aussi colossal, elle ondule comme après une tempête, et, sortant de ses limites, envahit la côte opposée. Les fanfares résonnent; les applaudissements retentissent; les embarcations, balancées sur les vagues, s'entrechoquent, se remplissent à moitié; les cris d'effroi se mêlent aux acclamations; les chapeaux, les écharpes s'agitent et saluent le premier pas de ce vaisseau qui peut-être porte dans ses flancs de grandes destinées. Puis, les oscillations des eaux diminuent, la foule s'écoule, et la mer, rentrée dans son lit, caresse paisiblement la carène dont le premier embrassement avait été si impétueux.

Destinés désormais à rester en contact perpétuel avec l'eau salée, les fonds du vaisseau ont besoin d'être protégés contre son action corrosive ; les vers marins, attaquant patiemment de leurs dards, en forme de tarières, les épais bordages de chêne et de hêtre, auraient bientôt percé le bâtiment de mille trous. Les coquillages, les algues marines, s'attachant à la carène, la couvriraient d'une mousse rocailleuse défavorable à sa marche. C'est dans le bassin où l'on a conduit le vaisseau, qu'après l'avoir enduit d'une couche de goudron, recouverte de feutre, on appliquera les feuilles de cuivre mince qui formeront sa dernière enveloppe, son *doublage*. Ce système a remplacé ce qu'on nommait le *mailletage*, qui consistait à recouvrir la carène de clous à large tête, qui formaient bientôt une croûte de rouille sur toute sa surface; ce doublage préservateur avait l'inconvénient d'alourdir le bâtiment. Et, plus d'une fois, le bailli de Suffren vit échapper à la poursuite de ses vaisseaux mailletés ceux de l'escadre de sir Hugues, tous déjà doublés en cuivre.

Avant d'appliquer le doublage, pour assainir le bois et enlever les traînées de brai et de goudron qu'a laissées le calfatage, on commence par *flamber* le navire : on amasse auprès de la quille, sur des échafaudages étagés sur ses flancs, des combustibles secs et légers auxquels on met le feu. Mais ce n'est pas sans inquiétude, malgré les précautions d'usage, que l'on voit le fruit de tant de travaux, l'objet de tant de dépenses, entouré de flammes qui semblent prêtes à le dévorer. Il y a quelques années à peine, ces craintes, ordinairement vaines, se réalisèrent malheureusement à Toulon, sur un vaisseau à trois ponts le *Trocadéro ;* on avait oublié d'en enlever la toiture provisoire; la direction ne crut pas nécessaire de retarder, pour le faire, l'opération du flambage; on passa outre, et le feu, atteignant ces planches légères, réduisit complétement en cendre, malgré les secours les plus empressés, ce superbe bâtiment.

Les ponts du vaisseau ont été percés de trous ronds nommés *étambrais*, pour donner passage aux mâts, qui sont au nombre de quatre, dont trois verticaux, et un oblique; le mât oblique se place à l'avant, à la proue du bâtiment, c'est le *beaupré*. Les trois autres mâts, de l'avant à l'arrière, sont : le *mât de misaine*, le *grand mât* et le *mât d'artimon*. Les mâts des vaisseaux de nos jours ne sont pas d'un seul brin, d'un seul jet; trois pièces de mâtures superposées constituent le mât d'un navire : un *bas mât*, surmonté d'un *mât de hune*, que prolonge un *mât de perroquet*. Les bas mâts d'un vaisseau, par exemple, sont d'une telle longueur qu'aucun arbre ne pourrait les fournir; aussi les fait-on de pièces d'assemblage réunies entre elles par des cercles de fer.

L'extrémité supérieure d'un mât est équarrie, forme un *tenon*; huit ou dix pieds plus bas, un renfort naturel ou ajouté sert à appuyer des barres et les colliers que forment les *dormants* qui consolident la mâture. Au-dessous de ce renfort, ou *noix*, les mâts de hune et de perroquet sont tra-

Morel Fatio del.                                    Guesnu sc.

Incendie du Trocadéro.

versés par une fente longitudinale, un *clan*, où l'on introduit un *réa*, ou roue de poulie; c'est dans ce clan que passera la corde servant à hisser la vergue, et la voile appartenant à chaque mât.

La poulie, déjà connue des anciens, est d'un usage incessant dans la marine; elle se compose de trois parties : la *caisse*, l'*essieu*, le *rouet* ou *réa*.

La *caisse* est un bloc de bois de forme ovoïde, légèrement aplatie; elle est percée au centre, dans sa moindre épaisseur, d'un trou rond destiné à recevoir l'*essieu*, et, perpendiculairement à l'essieu, d'une large fente où se placera le *rouet*, dont le trou central, que traverse l'essieu, est garni d'une bande de cuivre. Les deux côtés de la *caisse* de la poulie s'appellent les *joues* ; une rainure sur les joues, dans le sens de la longueur, reçoit un collier de corde, dont l'excédant, serré par un amarrage, forme un anneau qui, muni d'une cosse de fer, sert à suspendre la poulie ou à l'accrocher dans le gréement; ce collier s'appelle l'*estrope*. En fixant une corde à la partie de l'estrope opposée à l'anneau, au cul de la poulie, ce qui s'appelle *faire dormant* ; en passant cette corde dans une autre poulie semblable, et la faisant revenir dans le clan de la première, on forme un *palan* simple.

Une même *caisse* de poulie, percée de deux clans parallèles, traversée par un même essieu, constitue une poulie double; il y en a aussi de triples. Un cordage, passant alternativement dans les poulies doubles, et faisant *dormant* sur l'estrope de l'une d'elles, forme un *palan*. Dans des poulies triples, ce serait une *caliorne;* à terre, ces appareils s'appellent des *moufles*.

On raconte que, lors de l'inauguration de la grande cloche du Kremlin, les ingénieurs avaient disposé un appareil si bien entendu, que l'impératrice Catherine put, de sa main, soulever l'énorme poids au moyen d'un cordon de soie. Il est permis de penser cependant qu'un millier de *Tscherkes* ou de serfs, placés dans les caveaux de l'église pour tirer la corde principale, au moyen de cabestans, aidèrent quelque peu l'action de la main délicate de la Czarine.

Pour mettre en place les bas mâts d'un vaisseau, on se sert, dans l'arsenal, d'un appareil nommé la *machine à mâter;* elle se compose d'un mât vertical, implanté dans une maçonnerie solide, sur le bord du quai, et de deux longues pièces de bois placées obliquement, et dont la tête, chargée d'une petite galerie, d'une *hune*, déborde sur le port. De fortes chaînes et des grelins, fixés en arrière à des ancres et à des canons scellés, étayent le système entier.

Le vaisseau qui doit recevoir ses bas mâts vient se placer sous cette machine; des caliornes, partant de son sommet, accrochent au bas mât qui lui est destiné leur seconde poulie. Leur cordage, leur *garant* vient s'enrouler à des cabestans volants. En *virant* à ces cabestans, en les faisant tourner, les caliornes élèvent le mât; on en dirige le pied dans l'étambrai, au moyen d'un cordage qui se nomme le *guide*; puis, en *dévirant*, en détournant les cabestans, on descend, on *amène* le bas mât jusqu'à ce que son pied repose sur la carlingue.

Tout le monde connaît le cabestan, ce cylindre de bois tournant sur un axe; sur sa surface, on enroule la corde dont l'extrémité est attachée à l'ob-

jet qu'on veut enlever. On introduit dans les *amolettes*, trous pratiqués
à la tête des cabestans, l'extrémité de longues barres de bois, où se placent
les hommes dont la force employée à faire tourner le cabestan est multi-
pliée par la longueur du bras de levier sur lequel ils agissent.

Une fois les *bas mâts* en place, on monte le *gouvernail;* cette machine,
dont les fonctions sont désignées par son nom seul, s'accroche à l'étambot par des gonds en cuivre qu'on nomme *les ferrures.* Ordinairement, la
tête du gouvernail pénètre dans l'intérieur, en interrompant la continuité
de l'étambot; une longue *barre* de bois ou de fer y engage une de ses extrémités dans un trou carré, et, par son moyen, l'on fait varier les angles du
gouvernail. Dans les grands bâtiments, cette barre porte à son extrémité
des poulies formant palan dont le cordage, le *garant,* qu'on nomme *drosse*
du gouvernail, va s'enrouler sur le pont autour d'un treuil, un *moyeu de*
*roue;* les rayons de cette roue, dépassant la jante, donnent prise aux mains
du *timonier.* C'est ainsi que se nomment les matelots, gradés pour la plupart,
affectés au service de la *timonerie,* qui les retient sur l'*arrière,* contrairement aux autres, fonctionnant sur l'*avant.* En la tournant dans un sens
ou dans l'autre, le timonier fait mouvoir la barre du gouvernail à droite
ou à gauche, à *tribord* ou à *bâbord.* Nous verrons dans les manœuvres
l'effet de cette indispensable machine qui a fourni tant de métaphores aux
poëtes et aux orateurs.

ARTILLERIE. — Pendant longtemps, l'artillerie embarquée sur les
vaisseaux était la même que celle des armées de terre; les mêmes engins
de guerre défendaient les bastions et les ponts des navires. Les machines
de jet, les catapultes, les balistes, arbalètes de grande dimension, occupaient une large place sur les tours réservées aux combattants à bord des
navires. L'invention de la poudre fit une grande révolution dans l'art
naval. L'artillerie qui remplaça les anciennes machines se composait,
dans le principe, d'énormes pièces en bois recouvertes de cuivre et cerclées
en fer; on les nommait des *bombardes.*

Au quinzième siècle, l'usage de canons en fonte de fer ou de cuivre s'é-
tait déjà répandu. On affubla de noms horrifiques les diverses sortes de
canons dont l'imagination populaire exagérait la terrible nature. Les *basi-*
*lics,* les *serpentins* aux larges gueules, dont le boulet de fer pesait jusqu'à
cent livres; les *coulevrines,* de 18 à 56; les *sacres,* du calibre de douze;

sans compter les canons *pierriers*, dont le boulet pesait de cent à trois cents livres, composaient le matériel de l'armée à cette époque.

Au dix-septième siècle, ces noms confus firent place à la désignation toute simple du canon par le poids de son boulet.

La direction de l'artillerie, dans l'arsenal, a pour chef un colonel d'artillerie de marine; sous ses ordres, un lieutenant-colonel, des capitaines et lieutenants composent le personnel. Des écrivains et des maîtres canonniers sont employés dans les bureaux et magasins.

Les affûts pour les canons, les bois de fusils, de pistolets, les haches d'armes, les piques se confectionnent à la direction de l'artillerie. Les armes de main sont réunies dans une salle où les fusils sont groupés en gerbes symétriques; les sabres rayonnent en soleils; les pistolets, entremêlés de baïonnettes, forment de luisantes girandoles.

Les canons sont déposés sur les quais en longues files étagées. Pour reposer sur leurs affûts, les canons portent, comme ceux de terre, deux *tourillons*, sorte d'essieux très-courts, fondus avec la pièce même. La partie comprise entre les tourillons et la bouche s'appelle la *volée*; l'intérieur du canon, l'*âme*, est parfaitement cylindrique. Depuis Louis XIV, jusqu'en 1830, la Marine fit usage des calibres de 36, 24, 18, 12 et 8. Depuis dix ans on a adopté le calibre unique de 30; et, suivant leur destination, on a des pièces de trente, longues, moyennes ou courtes.

Les pièces de Marine sont en fonte de fer; cette matière, avantageuse sous le rapport de la durée, a l'immense inconvénient d'être sujette à éclater. Pendant la canonnade d'Alger, en 1830, à bord du vaisseau *la Provence*, que montait l'amiral Duperré, un canon de 36 éclata dans la batterie basse et mit une vingtaine d'hommes hors de combat.

Les canons sont montés à bord sur des affûts de la forme la plus simple. Ce sont des chariots portés par quatre petites roues massives. Les deux montants latéraux, les *flasques*, reçoivent les tourillons dans une entaille semi-circulaire; la queue des flasques est coupée en gradins; une barre de bois, nommée *aspect*, d'un côté; une *pince* ou barre de fer, de l'autre, engagées sous la culasse, et appuyées sur un de ces gradins, servent à élever la culasse pour le pointage. A l'état de repos, et après le pointage terminé, la culasse repose sur le *coin de mire* en bois. Au moment de faire feu, toute la volée du canon est en dehors de son embrasure ou *sabord*, et la tête des flasques appuie contre le bord. Si le canon était abandonné à lui-même, il reculerait jusqu'à heurter l'autre côté du bâtiment; pour l'arrêter, un fort cordage, nommé *brague*, est fixé par ses deux bouts dans un anneau rivé à la muraille de chaque côté du sabord, et passe dans une boucle de fer à la culasse du canon; on lui donne une longueur suffisante pour qu'au *recul* la bouche de la pièce se trouve au niveau intérieur de la muraille du bâtiment; c'est dans cette position qu'on charge le canon.

Pour l'empêcher de retourner au sabord, on se sert d'un palan dont chaque poulie est munie d'un croc. L'une s'accroche à une boucle fixée dans le pont, en arrière de la pièce; l'autre, à un gros piton fiché dans l'arrière de l'affût. En roidissant ce palan, on rapproche forcément l'affût de la boucle inébranlable du pont. Le canon est alors *hors de batterie à longueur de brague*. Pour le remettre dans sa position première, la bouche en dehors de l'embrasure, ou sabord, on lâche ou *file* ce palan, nommé le *palan de retraite*, et on en roidit deux autres, les *palans de côté*, dont une des poulies tient de chaque côté à un croc rivé dans le bord, et l'autre à un piton dans chaque *flasque*.

5

Pour manœuvrer ces trois palans, et d'aussi lourdes pièces de canon pendant les oscillations d'un navire, il faut un grand nombre de bras. Le canon de 36, par exemple, qui pèse près de dix mille livres, a quatorze hommes d'équipage ; et c'est pourtant tout au plus si ce nombre suffit à mettre la pièce en batterie, soit en tirant le garant de palan de côté en marchant, soit en agissant en place, *main sur main*.

En 1774, on fondit à Carron, en Écosse, des pièces plus légères, à calibre égal ; ces pièces, que l'on nomma *caronades*, pèsent à peu près le tiers du canon correspondant ; la culasse en est ronde, la volée très-courte. La caronade repose sur un affût composé de deux plateaux de bois superposés ; l'inférieur se nomme le *châssis* ; le supérieur, la *semelle*. Sur celle-ci, s'élèvent en son milieu deux montants en fer, les *crapaudines*, qui reçoivent les extrémités du *boulon-tourillon*, qui traverse un renflement du métal sous la caronade. Le bouton de culasse est percé et reçoit une vis dont la tête, portant sur la semelle, fait, en tournant, lever ou baisser la culasse de l'arme, ce qui donne un mouvement très-régulier pour le pointage. Les deux plateaux, la semelle et le châssis sont réunis à pivot mobile. En faisant tourner la semelle sur le châssis, au moyen d'un levier de fer, on pointe la caronade à droite ou à gauche. Le recul est impossible avec un pareil affût. Une brague courte et roide maintient la caronade. Tel est le système dit à *brague fixe* adopté dans la marine française. Trois hommes suffisent à sa manœuvre, mais son tir est moins juste et moins étendu que celui du canon.

De nouvelles pièces, destinées à lancer des projectiles creux, et dont le boulet plein pèserait 30, 80 et même 150 livres, ont été proposées par le colonel Paixhans. Ces canons-obusiers, légers en raison de leur calibre, ont au fond de l'âme une *chambre* en forme de poire, pour recevoir la poudre dont elle utilise mieux l'explosion. Divers procédés ont été imaginés pour que les boulets creux ne s'enflamment qu'au choc du vaisseau qu'ils frappent.

Dans une épreuve récemment exécutée à Brest, un seul de ces boulets lancés contre un vieux navire disposé pour les expériences éclata en traversant sa membrure, et mit en pièces vingt-cinq des planches qui y figuraient des hommes aux postes de combat.

Autrefois, on se servait, pour mettre le feu aux canons, d'une mèche soufrée allumée, qu'un des servants approchait de la poudre versée sur la lumière; le coup ne partait presque jamais à l'instant favorable, instant fugitif dans les mouvements d'un navire. Plus tard, on adapta près de la lumière une batterie à pierre, qu'une corde mince, attachée à la gâchette, permettait au chef de pièce de faire partir à propos. Ce système, quoique préférable à l'ancien, obligeait encore à se servir de *cornes d'amorces*, grandes poires à poudre, causes de nombreux accidents.

Le système à percussion, adopté maintenant, se compose d'un marteau de cuivre, dont le pied est fixé sur une charnière, et dont la tête, de forme conique, peut, en basculant, venir frapper une capsule fulminante placée sur la lumière; ce marteau est mis en mouvement par une ligne ou cordon qui, fixé au milieu du manche, passe dans un piton à moitié chemin du pied du marteau à la lumière, et vient dans la main du pointeur, placé à trois pas en arrière du canon.

Des mires mobiles, que l'on élève ou que l'on baisse suivant la distance du but que l'on vise, achèvent de donner au tir à la mer une précision inconnue jusqu'à présent; ce qui doit rendre plus courts et plus décisifs les combats qui se livreront désormais.

En outre des lourds canons qui arment sa batterie, on embarque à bord du vaisseau quelques pièces plus mignonnes; ce sont les *pierriers*, petits canons de cuivre, dont le boulet ne pèse qu'une livre, et les *espingoles*, qui sont au pierrier ce que l'obusier est au canon; ces pièces arment les petites embarcations et le bord des *galeries*, des *balcons*, des hunes établies dans la mâture.

### DIRECTION DES SUBSISTANCES.

Le danger le plus à craindre, pour les premiers navigateurs, n'était pas la tempête ou le combat; mais, aventurés en pleine mer, sur des vaisseaux mauvais voiliers, ils se trouvaient souvent éloignés de toute terre plus longtemps qu'ils ne l'avaient prévu; la faim, la soif, les maladies engendrées par des vivres corrompus, décimaient les équipages. Aussi voyons-nous, dans les anciens voyages, après le premier mois de mer, les ravages du scorbut tenir une grande place dans les relations.

De nos jours, cette partie du service maritime a reçu de grandes améliorations. Le biscuit de fleur de froment épuré est un aliment sain et nutritif; il se conserve plusieurs années sans altération sensible; bien plus, tous les vaisseaux sont munis d'un four servant à confectionner du pain frais pour les matelots deux fois par semaine.

La belle découverte d'Appert a non-seulement permis aux officiers de se munir pour leur table de tous les mets de la cuisine française la plus délicate, mais encore elle donne aux chirurgiens les moyens de disposer de vivres propices à l'alimentation des malades. Les volailles, les viandes, les légumes se conservent, par ce procédé, pendant plusieurs années, sans autre inconvénient qu'une cuisson un peu prolongée. Ce n'est pas un des moindres triomphes de la science que de faire manger au Pérou, dans l'Inde, au Spitzberg, les petits pois, les asperges, les champignons assaisonnés à Nantes ou à Bordeaux.

Nous n'arrêterons pas longtemps le visiteur dans le voisinage des ateliers où se confisent l'oseille et la choucroute, dont les exhalaisons suffisent pour chasser les curieux.

Tout en compatissant aux misères de l'humanité obligée de se régaler d'aussi tristes aliments, nous le laisserons maintenant se diriger, en sortant de l'arsenal, devenu pour lui familier, vers un repas dans lequel la chimie transcendante ait un peu moins de part.

## LA GARDE DU PORT.

L'immense matériel de toute espèce renfermé dans un arsenal a besoin d'une active protection contre la malveillance ou la cupidité. Plus d'une fois, la misère a entraîné de malheureux ouvriers à dérober des outils, des ustensiles de cuivre ou de fer. L'arsenal a d'ailleurs des hôtes plus dangereux : les forçats.

Les régiments d'infanterie de Marine ont la mission spéciale de fournir les gardes nombreuses du port, en France comme aux Colonies. A Brest, leur caserne communique par un souterrain avec le bagne dans lequel ils seraient appelés à rétablir l'ordre, en cas d'insuffisance des gardes-chiourmes, dans une rébellion nocturne.

Les forçats, enchaînés par couples, sont employés aux ouvrages de peine, au curage du port. On leur fait tourner les roues des *grues*, en montant sur les barreaux qui en forment la cage, ce qui les fait surnommer par les matelots les *écureuils rouges*. Les *compagnons* (c'est ainsi qu'on les appelle charitablement dans le port) ont soin de faire le plus de mal et le moins de besogne possible, sans se mettre en rébellion ouverte. Chaque groupe de cinq couples est surveillé par un garde-chiourme, qui, malgré sa carabine, vit dans une crainte perpétuelle de ses dangereux captifs. Il ne se mêle point de les exciter au travail , va parfois faire leur commission hors du port, et s'efforce par tous les moyens de ne pas s'attirer leur redoutable haine.

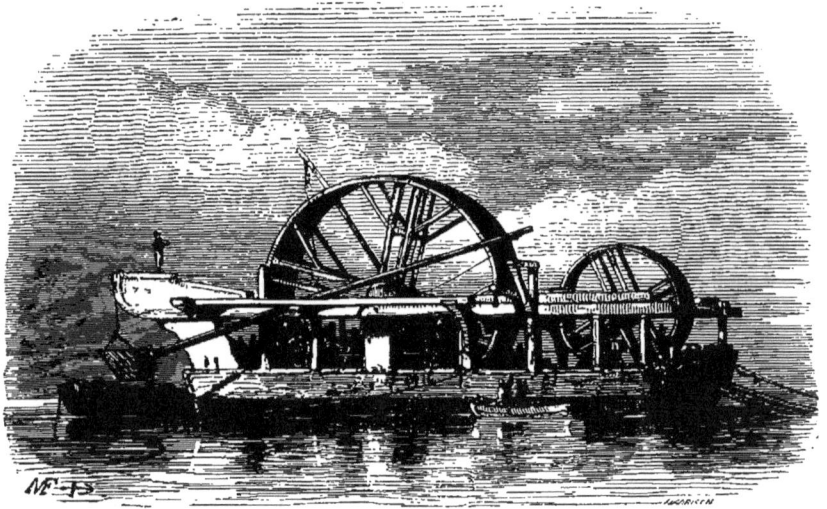

De temps en temps, une plainte, adressée à l'autorité supérieure du bagne, amène la correction de quelque effronté coquin, et empêche les autres de pousser plus loin la licence. Ils ne se font cependant pas faute de commettre mille larcins.

L'arsenal s'ouvre aux ouvriers à la cloche du matin, une demi-heure après le coup de canon de diane. A midi, un autre coup de cloche annonce la suspension des travaux pendant une heure : c'est le moment du repas des ouvriers et des équipages. Le soir, de quatre à sept heures, suivant la saison, les travaux cessent, et les ouvriers, avertis par un dernier coup de cloche, se rendent auprès des issues : la garde se met sous les armes, les ouvriers défilent devant elle deux par deux; l'arsenal se ferme, tant sur mer que sur terre, après leur sortie, et les grilles ne s'ouvrent plus qu'aux officiers de ronde porteurs du mot d'ordre et de ralliement, ou sur une autorisation par écrit du préfet maritime.

Pendant toute la nuit, des rondes s'assurent, par terre et par eau, de la vigilance des sentinelles et des gardiens des vaisseaux désarmés. Ils doivent *héler* toute embarcation. *Ho! de la chaloupe!* s'écrient-ils dans leurs rauques porte-voix. Celle-ci répond, d'un ton solennel : *Ronde-major!*

Au milieu du silence de la nuit, ces cris se répètent d'échos en échos ; comme le qui-vive des patrouilles, ils ne servent trop souvent qu'à prévenir les malfaiteurs de l'approche de la force armée, et leur permettent d'échapper à sa bruyante inquisition.

## LE NAVIRE [1].

Ce serait méconnaître étrangement l'analogie des procédés de la nature, que d'attribuer à un seul individu l'invention du navire. Soumis aux mêmes conditions, organisés d'une manière identique, les hommes ont dû, à des époques correspondantes, concevoir des idées pareilles, éprouver les mêmes besoins. Partout, aussi bien dans l'Inde qu'en Phénicie, un riverain de la mer imagina, pour se soutenir sur l'eau, de monter sur le tronc d'arbre qu'il voyait flotter; bientôt, entraînant vers la terre son précieux appui, il dut remarquer la plus grande facilité qu'il avait à le mouvoir dans le sens de la longueur; il imagina sans doute alors, pour le pousser dans cette direction, de se faire un point d'appui dans l'eau d'une planche posée au contraire dans le sens de la largeur : c'est de là que date l'invention de la *pagaie*. Après avoir creusé son tronc d'arbre, et s'être assis dans le fond pour se soustraire au contact de la mer, il fallut la poser sur le bord du canot ainsi formé, et l'allonger pour qu'elle pût atteindre l'eau; la *pagaie* devint la *rame* ou l'*aviron*. Tel est le point où se sont arrêtés la plupart des peuples sauvages; les insulaires de l'Océanie, les jeunes filles malgaches, folâtrant dans leurs pirogues légères autour d'un bâtiment européen, se servent avec une grâce infinie de leurs pagaies ciselées. En admirant la souplesse de ces brunes ondines, on ne peut s'empêcher de préférer leur moelleuse méthode à celle des femmes de Plougastel, qui, par deux brusques haut-le-corps, accompagnés d'un cri burlesque, tirent un grossier aviron.

---

[1] Pour amener le lecteur à la connaissance approchée de toutes les parties principales du navire et du gréement, nous avons pensé qu'il fallait lui montrer par époques les additions successives qui ont transformé le radeau informe en vaisseau de ligne. Nous y avons trouvé, outre l'avantage de disperser les détails techniques dans le courant de la narration, celui de le mettre à même de connaître la marine de toutes les époques, et de pouvoir lire avec fruit des histoires jusqu'ici inintelligibles. Nous nous sommes aidé, entre autres, des documents retrouvés par M. Jal, infatigable archéologue marin, qui a, on peut le dire, ouvert la route d'une science inconnue jusqu'ici, et dans laquelle il a marché d'un pas sûr.

L'assistance, le soutien qu'offrait a l'homme une pièce de bois dut l'engager à essayer de doubler ce pouvoir en réunissant deux troncs d'arbres. Homère donnant à Ulysse, par la bouche de Minerve, les instructions nécessaires pour construire son radeau, lui fait placer d'abord un rang de poutres équarries serrées l'une contre l'autre, et jointes par des chevilles. Sur cette couche, le roi d'Ithaque dut poser en travers des poutres de même dimension, mais écartées l'une de l'autre, et, perpendiculairement à cette seconde couche, un lit de planches sur lesquelles il devait se trouver un peu plus à l'abri des vagues. Il y avait ainsi entre le premier plan de poutres et les planches, des creux formés par l'écartement des poutres du second rang. En bouchant les extrémités de ces creux par des planches longitudinales, en allongeant le radeau, on rendit tout le système susceptible de porter une grande charge, et l'on put remplir ces vides de munitions de guerre et de bouche.

Une observation déjà faite conduisit à rendre plus aiguës les extrémités destinées à écarter les vagues, à fendre la mer; tels furent sans doute les premiers bâtiments qui transportèrent les Grecs en Asie, à l'époque du siége de Troie. Les vaisseaux des Béotiens, entre autres, portaient jusqu'à cent vingt hommes; ils avaient, de chaque côté, vingt-cinq rames, ce qui fait qu'Homère les nomme *pentécontores*, à cinquante rameurs.

Sésostris (1500 ans avant Jésus-Christ) fit une expédition dans les Indes, à la tête de quatre cents navires armés dans la mer Rouge ; c'est à son époque que, l'art de la construction ayant fait de grands progrès, le radeau allongé devint le vaisseau long, muni de nombreux rameurs, et portant à l'avant et à l'arrière des plates-formes pour les combattants. Sur un des

obélisques de Thèbes est sculptée l'image d'un de ces combats. Les navires égyptiens qui y sont représentés ont les extrémités relevées et défendues par une espèce de retranchement; les rames sortent du corps du navire, mais les points où elles sont fixées sont cachés par une planche qui règne le long du bâtiment et protége les rameurs. Un seul mât, retenu par l'arrière, porte une voile carrée, tissée de diverses couleurs, couverte d'emblèmes sacrés. La voile est tendue sur une *vergue*, dont les extrémités sont soutenues par des cordages que les modernes nomment des *balancines*, et en outre, d'autres cordes, qui viennent des bouts de la vergue à l'arrière, montrent que les Égyptiens *orientaient* diversement leurs voiles. Ce sont ces cordes qui font mouvoir les vergues horizontalement, que l'on nomme des *bras*; les coins inférieurs des voiles sont retenus par des cordes que maintenant nous nommons les *écoutes*. Ainsi les *mâts*, les *vergues*, les *voiles*, les *balancines*, les *bras*, les *écoutes*, étaient en usage dès le temps de Sésostris, qui répond à celui où Jephté était juge dans Israël.

Les Phéniciens, les Grecs, continuèrent à perfectionner les bâtiments ; jusque-là, les vivres étaient mis à l'abri, mais les hommes n'avaient d'autre place que le dessus du navire. C'est à Thase, en Ionie, qu'on imagina de couvrir d'un plancher les bancs des rameurs ; ce toit, cette couverture supérieure, c'est maintenant le *pont*.

C'est à la vingtième olympiade, 600 ans avant Jésus-Christ, que remonte l'invention des navires appelés *birèmes* ou *dières*, des *trirèmes* ou *trières* : *birèmes*, à deux rangs ou ordres de rames ; *trirèmes*, à trois rangs ou ordres de rames.

La véritable signification de ces termes est une des difficultés dont se sont le plus occupés les antiquaires, surtout dans le moyen âge. La possibilité d'établir trois étages de rameurs superposés, séparés l'un de l'autre par un plancher ou un pont, a été très-justement contestée : la rame supérieure, d'une longueur démesurée, eût été très-difficilement maniable, et, comme la brusquerie du mouvement est indispensable pour que le coup d'aviron produise quelque effet, ces longues rames, dont on ne saurait obtenir qu'un mouvement compassé, auraient plutôt retardé le navire que contribué à sa vitesse.

Dans l'impossibilité d'expliquer la signification des mots rangs ou ordres de rameurs, les uns ont nié qu'il eût existé autre chose que des *birèmes* à deux rangs de rames ; d'autres ont établi des suppositions qui dénotent dans leurs auteurs beaucoup d'intelligence du latin, mais une ignorance absolue des choses de la mer. Les informes résultats de leurs élucubrations n'auraient pas été capables de lutter contre la moindre brise, encore moins d'acquérir une vitesse continue de cinq nœuds (cinq milles marins, deux lieues de terre) à l'heure, ainsi qu'il ressort du calcul du temps employé pour effectuer certaines traversées. Le corsaire mélésien *Théopompe*, dépêché par Lysandre, général des Lacédémoniens, pour porter la nouvelle de la victoire d'Ægos-Potamos, parcourut en trois jours les cent cinquante lieues qui séparent le lieu du combat d'Épidaure, port de la Laconie.

L'existence, dans une mer ignorée des antiquaires, d'un navire à douze rangées de rames courtes, le *haracore* des îles de la Sonde, nous a suggéré

une explication qui semble s'accorder avec l'examen des mosaïques et des peintures d'Herculanum et de Pompéia. L'élévation du point d'appui des rames au-dessus de la mer, dans les galères du moyen âge, était de trois pieds et demi; pour ne rien admettre de favorable à notre hypothèse, donnons à la trirème antique une hauteur de quatre pieds. Les bancs de rameurs, longs de six pieds, étaient établis à cette hauteur. A un pied et demi en dedans du bord, sur les bancs, courait, dans toute la longueur du bâtiment, une poutre de six pouces carrés; sur une fourche placée sur cette poutre s'appuyait une rame de chaque banc, manœuvrée par un homme assis ou debout, le plus éloigné du bord [1]. Sur cet *apostis* venaient s'enter des pièces de bois de trois pieds de long, faisant saillie au dehors; au milieu et à l'extrémité de ces pièces de bois, qu'on a depuis nommées des *bacalas*, étaient établis deux apostis parallèles au premier; un deuxième rameur, assis sur le même banc, à côté du premier, appuyait son aviron sur le second apostis; un troisième rameur, assis plus près du bord, encore et toujours sur le même banc, appuyait sa rame sur l'apostis placé à l'extrémité

[1] Cette pièce de bois portant la première rangée d'avirons s'est nommée depuis l'*apostis* La fourche était le *scalme*.

des bacalas. L'aviron de chacun des rameurs passait sous l'apostis de son

voisin plus rapproché du bord. Pour que chaque rame pût se redresser horizontalement, ses bacalas devaient aller en relevant de six pouces, de
façon que chaque apostis fût de trois pouces plus haut que l'autre ; en même
temps que pour faciliter les mouvements simultanés des rameurs, le banc,
au lieu d'être exactement en travers du navire, obliquait en avançant son
extrémité intérieure environ d'un pied et demi. Les *scalmes*, assujettis à la
hauteur du flanc du rameur correspondant, suivaient la même obliquité.
Ainsi, dans la trirème que nous représentons, le bâtiment étant vu directement par le travers, les trois rames de chaque banc ne se confondent cependant pas ensemble. L'intervalle d'un banc à l'autre était de trois pieds ;
leur nombre n'a jamais différé beaucoup de vingt-cinq.

En prolongeant les bacalas, ces supports des apostis sur lesquels sont
établis les rangs de rames, on peut augmenter le nombre de ces derniers ;
en continuant les bancs des rameurs en gradins, sur les premiers apostis,
on obtiendrait un armement à cinq, six, sept et huit rangs de rames ; ce
dernier, l'octirème, nécessiterait neuf pieds de bacalas, dont l'obliquité
réduirait la saillie à huit pieds seulement. Les rames du dernier rang,
ayant moins de vingt-huit pieds de longueur, seraient encore maniables
pour un homme vigoureux.

Pour ramer, les trois hommes de chaque banc lançaient en avant et en
l'air la poignée de leurs avirons, obéissant à la cadence de la musique ; ils
se rejetaient ensuite vivement en arrière, retombaient simultanément assis,

et, appuyant sur leurs cuisses la poignée de leurs avirons devenus horizontaux, marquaient un temps d'arrêt, après lequel ils recommençaient le même mouvement. Les rameurs étaient cachés à l'extérieur par une cloison appuyée sur l'apostis d'en dehors, qui les mettaient à l'abri des traits de l'ennemi ; une banquette de trois pieds de large, courant de l'avant à l'arrière, à deux pieds au-dessus de l'apostis, recevait, pendant le combat, les guerriers qui, accrochant leurs boucliers sur la cloison, combattaient à l'abri de ce rempart qu'on nomma depuis le *pavois* ou *pavesade*.

De petites tours, bâties aux extrémités du bâtiment, et défendues de la même manière, permettaient de faire un usage avantageux des traits, des pierres et même de projectiles enflammés.

Les trirèmes portaient à l'avant, au niveau de l'eau, un éperon ou rostre d'airain, de forme diverse, destiné à briser de son choc le navire ennemi.

A l'arrière, au lieu de gouvernail, elles étaient munies, de chaque côté, d'un large aviron, dont la forme est restée, pour nos sculpteurs, l'emblème symbolique de la navigation ; la manière dont on en exposait les surfaces au fil de l'eau décidait les changements de direction du bâtiment.

Les navires à rames des anciens faisaient aussi usage de voiles ; les mâts qui les portaient pouvaient être enlevés soit pour marcher contre le vent, soit pour alléger les galères. A la bataille d'Actium, Agrippa, lieutenant d'Octave, fit mettre à terre les mâts et les voiles de ses vaisseaux.

Des textes obscurs d'auteurs anciens semblent parler de bâtiments d'un plus grand nombre de rangs de rames, mais on conçoit que l'octirème,

dont la pavesade était élevée de plus de douze pieds au-dessus du niveau de
la mer, poussée par quatre cents avirons au moins, devait être un bâtiment
déjà très-considérable. Cependant, l'amour du merveilleux et l'exagération
naturelle aux méridionaux ont donné naissance à des fables que des écrivains étrangers à la marine nous ont transmises de bonne foi. Telle est
l'histoire du fameux vaisseau de Ptolémée Philopator. Plutarque et Athé-
née, qui vécurent trois ou quatre cents ans après ce monarque, nous en
ont conservé les féeriques détails : « Sa longueur était, disent-ils, de
« quatre cent vingt pieds, sa largeur de soixante. Il était, depuis le fond,
« partagé en douze étages ; sa proue s'élevait de soixante-douze pieds au-
« dessus de la mer. Un triple éperon armait l'avant et les deux joues de ses
« pointes bizarres. *Quarante* rangées de rames [1] poussaient sa masse gi-
« gantesque; celles du dernier ordre avaient soixante-douze pieds de lon-
« gueur; mais le manche, chargé de plomb, les maintenait en équilibre
« et faciles à mouvoir. Deux mille soldats garnissaient les plates-formes des
« tours, ainsi que la galerie posée au-dessus des rames. Des bosquets, des
« parterres, semés des fleurs les plus rares, peuplés des oiseaux les plus
« curieux, récréaient, par leurs couleurs variées, les regards de l'orgueil-
« leux monarque; les métaux les plus précieux rehaussaient sa poupe
« sculptée, et couraient en capricieuses astragales le long de ses vastes
« flancs; ses voiles de pourpre, à la trame d'or, étincelaient tour à tour de
« leurs doubles reflets. Quatre larges avirons, servant de gouvernails, cou-
« paient de leur surface dorée les teintes chatoyantes du riche navire réflé-
« chi dans les eaux. Assis sur un trône magnifique, qu'entouraient les sei-
« gneurs de sa cour couverts de leurs plus splendides vêtements, le roi
« présidait, au son des fanfares, à la navigation de cette masse imposante. »

Plus tard, Cléopâtre, pour rejoindre Marc Antoine, traversa la mer de
Pamphilie sur une magnifique galère, qu'une brise favorable poussait, en
se jouant dans des voiles de soie bariolées de diverses couleurs, et dont les
rames, de bois de cèdre, délicatement ornées, se posaient dans des scalmes
d'argent massif. Sur la poupe, la reine, en costume de Vénus, au milieu
des femmes de sa cour et de jeunes garçons, habillés, les unes en néréides

---

[1] Manœuvrées par quatre mille hommes.

et les autres en tritons, participait à l'imitation lascive des jeux folâtres des divinités de la mer.

Peu touchées de ces sacriléges hommages, celles-ci furent inflexibles pour la royale courtisane. La défaite la plus éclatante changea en une fuite honteuse cette course triomphale.

La vérité est que les anciens déployaient un grand luxe dans l'installation de leurs navires; c'est surtout dans les scènes maritimes que les auteurs se plaisent à faire parade de la magnificence des rois. Posséder un palais somptueux où l'argent, l'or, l'ivoire et les pierreries s'incrustaient dans le marbre et le porphyre, c'était une richesse ordinaire aux monarques asiatiques ; mais transporter ce luxe magique sur un navire essentiellement fragile, déguiser sous les étoffes les plus brillantes, sous les métaux les plus précieux, la rudesse des ustensiles de la navigation, le labeur pénible des gens de mer, c'était là défier la nature et manifester, d'une façon plus ostensible, l'opulence et la grandeur.

Après la défaite d'Actium, il n'y eut plus, dans la Méditerranée, qu'une marine, celle des Romains. Les empereurs transportèrent rarement sur mer le théâtre de leurs excès. La fête donnée par Néron à sa mère Agrippine n'était qu'un piége parricide que lui cachaient les brillants ornements de sa galère.

De temps immémorial, les vaisseaux de commerce ne se servaient guère que de voiles ; ceux de Salomon et d'Hiram mettaient trois ans à accomplir, en relâchant de port en port, le double voyage de Palestine à Tarsis en Cilicie.

Au deuxième siècle, le vaisseau d'Isis, décrit par Lucain, dans un de ses dialogues, n'avait qu'un mât, et, cependant, ses vastes proportions diffèrent à peine de deux pieds de celles des vaisseaux actuels de soixante-quatorze canons!

Le Bas-Empire conserva seul la tradition des grandes constructions navales. Sous le règne de Maurice, au sixième siècle, les *dromons* battaient encore les flots de deux étages de rames superposées. Les *pamphiles* à un seul rang remplissaient l'office d'aviso.

Pendant que ces divers changements s'étaient opérés dans la Méditerranée, l'empire romain, agrandi jusque sur l'Océan, avait trouvé des navires de physionomie nouvelle; dans ces parages agités de brises orageuses, la rame est d'un usage difficile et moins nécessaire. Ainsi les vaisseaux des Vénètes, habitants du pays de Vannes, que César attaque avec les galères qu'il a construites sur la Loire, sont des vaisseaux ronds à voiles de cuir.

Les Gaulois furent effrayés du spectacle, nouveau pour eux, de l'ensemble du mouvement, ainsi que du bruit des rames. S'ils avaient connu d'avance le principal moteur des galères, ils n'auraient probablement livré combat qu'avec bonne brise, et auraient pu, en passant rapidement le long des birèmes romaines, ballottées par les lames, rompre leurs longs avirons en blessant les rameurs.

Lorsque des torrents de barbares inondèrent la surface de l'Europe, les hommes du Nord, les Scandinaves exercèrent leurs terribles ravages. Montés sur des vaisseaux à voiles et à rames qu'ils appelaient *drakkars*, ils infestèrent les rives de l'Océan. Au moyen de leurs canots légers, ils pénétrèrent souvent, par les rivières, au cœur du pays; et Paris, qu'ils attaquèrent au huitième siècle, conserva leur redoutable souvenir jusque dans les prières; au quinzième siècle, l'invocation : *A furore Normannorum libera nos, Domine*, n'était pas encore supprimée dans l'office gallican.

C'est avec des navires semblables qu'en 809 le Norvégien Eric Raude, ou le Roux, découvrit le Groënland, où il fonda ces colonies, dont l'histoire lamentable est en harmonie avec l'horreur de ces régions de glaces et de

frimas; c'est sur la côte orientale du Groënland, en face de l'Islande, que s'établirent les aventureux Norvégiens. Pendant quatre siècles, ces colonies prospérèrent, autant que ce mot peut s'appliquer à la maladive existence de l'homme dans ces sombres climats; tous les ans, quelques navires allaient leur porter des vivres et des ustensiles nécessaires à la vie, et emportaient en échange l'huile de baleine et de phoque, les peaux d'ours, de renards, de lièvres blancs. Au milieu du quinzième siècle, un amas de glaces, charriées du Spitzberg par les courants qui suivent constamment la direction du sud-ouest, s'arrêta dans le détroit entre l'Islande et le Groënland, et empêcha, pour cette année, la communication avec la colonie; l'année suivante, les navires arrivèrent de bonne heure à l'*accore* des glaces, prêts à profiter de la moindre ouverture dans la banquise pour porter des secours aux malheureux habitants ; les obstacles s'étaient consolidés; des montagnes énormes de glace hérissaient les approches de la côte à plus de quinze lieues ; enfin, depuis cette époque, il n'a plus été possible de franchir cette barrière. Trente villages, avec leurs églises, des couvents de moines, se trouvèrent séparés du reste du monde, et l'on n'en a plus eu de nouvelles depuis ! Les Danois ont établi d'autres colonies sur la côte occidentale, dans la mer de Baffin ; mais il a été impossible de traverser par terre les abîmes de glace, les montagnes aiguës, les gouffres du Groënland, qui d'ailleurs n'est qu'un archipel d'un nombre immense d'îles, que, par absence de notions suffisantes, on représente comme une seule presqu'île. De vagues traditions de Groënlandais feraient penser que les restes expirants des habitants des colonies ont été massacrés par des hordes d'Esquimaux; si quelques-uns ont échappé, ils ont dû bientôt se trouver réduits eux-mêmes à la vie sauvage, et il serait sans doute impossible de reconnaître leur origine.

Les drakkars armaient jusqu'à trente-quatre avirons de chaque bord ; aux extrémités, s'élevaient des retranchements en bois nommés *kastals* (châteaux). Toutes les parties qui s'élevaient au-dessus de l'eau étaient façonnées extérieurement à l'image de monstres imaginaires, dragons, drakkars. Leurs éperons en figuraient l'effroyable tête, leurs flancs en continuaient le corps, et leur arrière en représentait la croupe recourbée.

Une seule voile, couverte de peintures guerrières et des blasons des différents chefs, se hissait à un mât dont la tête était retenue à l'avant par un

cordage nommé l'*étai*; sur le côté, par des *haubans*, dont l'extrémité inférieure était fixée au *plat-bord*.

Comme celles des vaisseaux égyptiens de Sésostris, leur vergue était manœuvrée par des bras et des balancines; leur voile, par des écoutes. Pour
en relever la toile, des cordes, attachées sur la ralingue[1] et sur les points[2],
passaient en haut dans une poulie, sur la vergue, et, de là, retombaient
dans l'intérieur du navire. En *halant* ces manœuvres, la voile se trouvait
relevée en festons au-dessus de la vergue. Ils nommaient ces cordages les
*gardings;* nous les appelons les *cargues.*

Tels furent les navires qui transportèrent en Angleterre Guillaume le
Conquérant, duc de Normandie, et ses hardis barons, ancêtres des lords
modernes. Leur image presque fidèle nous a été conservée par la princesse
Mathilde, fille de ce seigneur, dans une admirable tapisserie qu'elle broda
avec les dames de sa suite et qui a été retrouvée à Bayeux[3].

En même temps, dans la mer Méditerranée, les trirèmes antiques et les
pamphiles du Bas-Empire prenaient le nom de *galères* ou *galies* sans presque
changer de formes. Les vaisseaux ronds augmentaient jusqu'à quatre le
nombre de leurs mâts, et prenaient des Normands les noms de *nefs* ou *naves.*

[1] L'ourlet de la voile. — [2] Les coins de la voile. — [3] Jal, *Archéologie navale,* t. I.

Au treizième siècle, saint Louis se rendant en Palestine fréta à Gênes un grand nombre de *nefs* pour le transport de ses hommes d'armes et de ses chevaliers. *La Mont-Joie*, que monta le roi de France en personne, avait quatre-vingts pieds de quille. Les extrémités supérieures de l'*étrave* et de l'*étambot* étaient à cent vingt pieds l'une de l'autre ; c'était la longueur totale du bâtiment. La hauteur de la *coque* était de vingt-six pieds au milieu, tandis que la *proue* et la *poupe*, l'avant et l'arrière, de formes arrondies, étaient relevées de treize pieds en sus, sans compter les *castels* dont elles étaient chargées[1].

Un premier plancher, à douze pieds au-dessus de la quille, régnait d'un bout à l'autre dans l'intérieur du bâtiment. L'espace compris entre les fonds et ce plancher s'appelle la *cale* ; c'est dans sa vaste capacité que se logent le *lest*, les provisions d'eau, les munitions de guerre et les objets les plus pesants.

A six pieds au-dessus de ce plancher, il en était établi un autre semblable. L'étage compris entre ces deux planchers se nomme maintenant l'*entre-pont*.

Enfin, à cinq pieds plus haut régnaient, le long du bord, des demi-planchers, larges seulement de six ou sept pieds. L'espace qu'ils abritaient s'appelait le *corridor*. Dans le vide qui les séparait on logeait pour la mer la barque dite le *pariscalm*, la *chaloupe*. Cette disposition n'a été changée que depuis quelques années, et les demi-planchers, aujourd'hui réunis, ont conservé la dénomination de *passavant*, servant à passer de l'arrière à l'avant ; le milieu était occupé par la chaloupe.

Aux deux extrémités du navire, le plancher redevenait continu dans toute sa largeur, servant de *pont* d'un *corridor* à l'autre.

A l'arrière, l'espace formé par le dessus du *pont* était la chambre de parade, le *paradis*. A l'avant, le même emplacement servait à loger les passagers. Les *passavants* étaient protégés par un petit rempart crénelé, la *bretéche*, de trois pieds et demi de haut, terminant la muraille du navire.

A l'avant, un deuxième *pont* traversait le bâtiment et servait, ainsi que le premier, à loger des passagers.

---

[1] A. Jal, *Documents inédits*. — Nous différons quelque peu avec le savant auteur dans l'intelligence des mots qui donnent la hauteur de la coque à l'arrière et à l'avant.

A l'arrière, un second *paradis* était réservé à la reine Marguerite et à ses femmes. Les *paradis* étaient éclairés par de petites fenêtres percées dans la poupe du bâtiment.

Entre autres constructions accessoires, une série de poteaux, implantés sur le second paradis, supportait un plancher surmonté lui-même d'une toiture ayant assez d'analogie avec la forme d'un pigeonnier; c'était la *banne* et la *sur-banne*.

A l'avant, une construction élancée en dehors du bâtiment, le *super-pont*, recevait des hôtes dans l'intérieur; sur sa couverte on manœuvrait le bout de l'*antenne*. On retrouve même de nos jours, à certains bâtiments de la Méditerranée, la saillie qui supportait ce dernier pont.

A l'arrière, un balcon de quatre pieds entourait la poupe à la hauteur de la *banne*; on le nommait le *bellatorium, boulevard*, dans le sens militaire de ce mot.

Deux mâts, longs à peu près comme le bâtiment, supportaient chacun une voile latine dont l'antenne les égalait en longueur, et, par-dessus ces grandes voiles, de plus petites, nommées *dolons*, utilisaient l'excédent des mâts.

Au sommet de ceux-ci, de petites galeries servaient à loger une sentinelle, une vigie pendant la navigation et des archers pendant le combat. C'était la *gabie*, depuis nommée la *hune*; cependant, les hommes que leur service place le plus souvent dans les *hunes* s'appellent les *gabiers*.

Des nefs plus considérables encore que celle qui nous occupe avaient jusqu'à trois *couvertes* ou *ponts*, et étaient munies de trois et de quatre mâts verticaux; le plus grand à l'avant, les autres de plus en plus petits [1].

Au milieu des harnais de guerre des croisés, sous la bure des pèlerins, les dieux marins virent se renouveler des scènes aussi peu édifiantes que celles dont ils avaient été témoins sous les Ptolémées. Au lieu de la voluptueuse Cléopâtre et de ses belles suivantes, des femmes de mœurs équivoques encombraient les nefs surchargées. Anticipant sur les promesses du Christ à Madeleine repentante, elles envahissaient les abords du *paradis*, sans res-

---

[1] Il est à remarquer que dans une des peintures récemment découvertes à Herculanum, la poupe d'un vaisseau sur lequel Thésée fuit Ariane présente une base recouverte d'un toit, et le balcon en saillie comme la nef de 1200; d'ailleurs celle-ci était gouvernée avec deux larges rames, comme les vaisseaux antiques. Aussi peut on affirmer que l'*Isis* de Lucain différait peu des nefs du treizième siècle.

pect pour le saint roi qui y était logé; afin de le mériter, à l'exemple de leur patronne, elles s'empressaient d'acquérir beaucoup des titres que celle-ci avait présentés à l'indulgence du Sauveur. Par suite, les nefs devinrent quelquefois le théâtre de scènes scandaleuses et même sanglantes. Aussi, les marchands dont les bâtiments portaient les pèlerins en terre sainte insistaient-ils pour ne pas prendre de femmes à bord. Cette règle fut consacrée dans les statuts de la commune de Marseille. Les modernes législateurs ne se sont pas montrés plus galants, et, malgré quelques infractions tolérées, il est défendu aux capitaines des bâtiments de guerre français d'embarquer même leur propre femme à bord.

Durant cette période, les galères furent toujours spécialement réservées aux combats. Cependant, l'action de choc des *éperons* fut remplacée par la lutte corps à corps à l'*abordage*.

Le système de plusieurs rames par banc continua à être employé. Les Vénitiens appelaient galères à *senzile* celles où se trouvaient plusieurs rangées de rames [1].

Lors de l'invention de la poudre à canon, dans le quatorzième siècle, les nefs avaient armé le dessus de leurs *châteaux* de *couleuvrines*, de *bombardes*, de *sacres*, de *canons*, les uns battant à l'extérieur dans toutes les directions, les autres plongeant dans l'intérieur du navire pour chasser l'ennemi qui s'en serait emparé.

En 1410, un constructeur français nommé Descharges imagina d'ouvrir dans le flanc des navires, entre les deux *couvertes*, et le long des *corridors*, des *embrasures* ou *sabords* par lesquels on fit passer la bouche des canons. Les côtés des vaisseaux acquirent ainsi une puissance dont l'avant et l'arrière étaient seuls pourvus auparavant. L'ancien entre-pont prit le nom de *batterie basse*; les corridors devinrent la *batterie supérieure*; un plancher volant, nommé *faux-pont*, fut établi dans la cale agrandie, à quatre ou cinq pieds au-dessous de la couverte inférieure; cet espace, entre le faux-pont et la batterie basse, s'appela l'*entre-pont*. Les divers étages des *châteaux* d'avant et d'arrière furent percés de la même manière.

---

[1] Le système de rames *senzilio* n'est pas plus exactement connu que celui des trirèmes antiques. Nous regardons comme une preuve de la vérité de notre hypothèse sur la disposition des rames, qu'elle satisfasse également à deux problèmes obscurs à trois mille ans l'un de l'autre.

Les *caraques*, armées tout à la fois pour le commerce et le combat, semblent être le commencement de la transformation des nefs anciennes. Abandonnant les *antennes* d'une longueur démesurée, elles leur substituent des
*vergues* plus courtes, et les grandes voiles triangulaires sont remplacées par
des voiles carrées, munies à leurs angles inférieurs de cordes pour tirer les
*points* vers l'avant ou l'arrière, selon l'orientation des vergues. Ces manœuvres s'appellent : celles de l'avant, les *amures*, celles de l'arrière, que
nous connaissons déjà, les *écoutes*.

Les vergues basses se suspendirent horizontalement aux deux tiers de la
longueur du mât, et furent surmontées d'une autre vergue plus étroite, destinée à porter au sommet une voile supplémentaire également carrée. Pour
en faciliter la manœuvre, la *hune* ou *gabie* descendit du sommet du mât, à
peu près au niveau de la basse vergue. La voile supérieure prit le nom de
*trinquet de gabie*, puis de *hunier*; ses angles inférieurs, ses *points* se
tendent au moyen d'*écoutes*, passés dans une poulie à chaque bout de la
*basse vergue*. Les écoutes, après avoir longé la vergue, passent au milieu

dans deux poulies bridées ensemble et descendent le long du mât, à la portée des matelots.

Une fois les points rendus aux extrémités de la basse vergue, une fois le *hunier bordé*, pour en roidir les *ralingues de côté* ou *de chute*, pour tendre les lés de toile, sa vergue monte le long du mât, auquel la retient un simple collier, le *racage;* le cordage qui, amarré au milieu de la vergue, passe au sommet du mât dans un *clan* et descend de là sur le pont pour hisser la voile, s'appelle la *drisse.*

Pour soustraire à l'action du vent les voiles ainsi établies, le premier mouvement consiste à *larguer* (lâcher) la *drisse.* La vergue descend en faisant glisser son *racage* le long du mât; puis, on *largue* les *écoutes*; la voile, enlevée par l'action du vent, flotte en bannière. Des *cargues*, les *gardings* des Normands, attachées d'un bout aux points de la voile et passées par son arrière dans une poulie au milieu de la vergue pour, de là, descendre sur le pont, relèvent les points au centre de la vergue; d'autres cargues, fixées au milieu de la ralingue de bordure, les *cargues-fonds*, relèvent sur l'avant cette partie de la voile à la même hauteur. La toile ainsi ramassée pend à la vergue en trois festons. Toute voile carrée, soit basse, soit de hune, est garnie de la même série de cargues.

Le quinzième siècle est célèbre entre tous dans l'histoire de la navigation. Dans ses vingt dernières années, le Portugais Barthélemy Diaz découvre, en 1486, le cap de Bonne-Espérance, qu'il nomme *cabo Tormentoso;* repoussé par les tourmentes après avoir doublé même le cap des Aiguilles, il rebrousse chemin à la hauteur d'un cap qu'il nomme la Pointe du Patron, sur lequel il inaugura, en souvenir de son expédition aventureuse, une grossière statue de bois, à l'image de saint Barthélemy.

Six ans après, Colomb obtient enfin trois navires espagnols et découvre le nouveau monde. Les bâtiments qu'il montait, ainsi qu'il appert du journal de son voyage et du récit de ses manœuvres, se nommaient des *caravelles.* C'étaient des nefs à une seule couverte, à un seul pont; leur château d'arrière s'élevait de deux étages au-dessus de l'eau, celui de l'avant n'en comptait qu'un seul. Ces bâtiments, très-*tonturés*, c'est-à-dire très-relevés des extrémités, se comportaient bien à la mer. Ils avaient quatre mâts verticaux; celui de l'avant portait deux voiles carrées, une basse voile et un hunier; les voiles des trois autres mâts étaient des voiles latines aux longues antennes.

Avec le seizième siècle, commence à se prononcer une différence de plus en plus marquée entre les bâtiments de guerre et ceux du commerce. Des constructions, merveilleuses pour cette époque, sont exécutées à la fois dans les marines militaires d'Angleterre et de France. La duchesse Anne de Bretagne fit construire dans la Vilaine un vaisseau d'une grandeur inusitée, *la Cordelière;* il portait, dit-on, soixante-seize bouches à feu, dont un quart était composé de canons sur affûts. Les Anglais avaient armé un navire de même force, nommé le *Sovereign;* tous deux s'abordèrent à la première action à quelques lieues d'Ouessant, et périrent ensemble dans les flammes.

Pour réparer cette perte, on construisit à Portsmouth le vaisseau *le Grand-Henri*, devenu célèbre par le luxe avec lequel il fut équipé lorsque le roi Henri VIII le monta pour se rendre au camp du Drap d'or. Une des peintures du château de Windsor représente ce départ : une escadre de cinq navires porte le roi et sa suite brillante. Les étendards, les flammes, les bannières, les voiles brodées aux armoiries royales, déroulent sous une brise favorable leurs somptueux replis. Le vaisseau fend majestueusement les ondes où se réfléchit, au milieu des dentelles de ses sculptures, la nombreuse artillerie qui hérisse ses redoutables flancs.

Dans sa batterie basse, à peine élevée de quelques pieds au-dessus de

8

l'eau, grondent, pour le salut royal, quatre demi-canons de bronze, quatre
pierriers de cent, et deux bombardes aux larges gueules.

A l'étage supérieur, douze sabords laissaient voir la volée de leurs couleuvrines. Deux sacres arment chaque *corridor*. Le château d'arrière s'élevait
encore au-dessus de deux étages; dans l'inférieur, cinq coulevrines de
chaque bord; dans le second, quatre *aspics*, ou sacres courts, présentaient au
dehors, par des sabords circulaires, leurs bouches menaçantes. Le château
d'avant portait deux batteries semblables; des coulevrines battaient en
chasse; des *faucons*, des *fauconneaux*, sortes d'espingoles, plongeaient sur
l'intérieur du navire. Une galerie couverte et étroite, jetée comme un pont
de l'un à l'autre du second étage des châteaux, était percée de meurtrières,
ainsi que les petites tourelles qui terminaient chacun des angles des châteaux
d'arrière et d'avant.

Cinq mâts, dont un oblique, le *beaupré*, supportaient sa voilure. Quoique
d'un seul jet, d'une seule venue, les quatre mâts verticaux étaient divisés en

trois étages par des hunes rondes et massives. Aux deux mâts de l'avant, trois vergues horizontales; aux deux mâts de l'arrière, trois antennes *apiquées* croisaient la mâture.

Les voiles élevées au-dessus des *trinquets de gabie*, des huniers, furent nommées par les Anglais *gallant sails* (voiles hardies); par les Français, *perroquets*, en raison sans doute de l'analogie de la vergue en croix au haut d'un long mât avec le bâton où perchent ces oiseaux.

Chacune des trois divisions du mât était maintenue contre l'effort du vent dans les voiles par des *haubans*, forts cordages, du nombre des *manœuvres dormantes*, qui, partant de leur sommet, vont se roidir, ceux de l'étage inférieur sur de petites galeries latérales à l'extérieur du bâtiment, les *porte-haubans*, et ceux des divisions supérieures sur le bord des hunes placées à leur base.

De petites cordes, nommées *enfléchures*, croisant les haubans de pied en pied, servent d'échelons pour grimper dans la mâture.

La tête des mâts, que leur longue élévation fait fouetter dans les brusques mouvements du tangage, a besoin d'être retenue; les *étais* les assujettissent à l'avant. On peut suivre sur notre *Grand-Henri* l'installation des *manœuvres dormantes*, voir les étais partant de la tête des bas mâts se fixer au pied de celui qui les précède; ceux de hune, à la première gabie; ceux de *perroquet*, à la seconde hune. On remarquera que les colliers par lesquels les étais et les haubans embrassent les mâts, les *capelages*, sont toujours au-dessus de la vergue correspondante pour que celle-ci puisse descendre quand on veut *carguer* et *serrer* la voile.

Les *manœuvres courantes* n'y sont pas moins complètes. *Bras* pour *orienter* les vergues, *drisses* pour les élever, *balancines* pour en soutenir les bouts, *écoutes* pour retenir les *points* des voiles, *cargues* prêtes à les retrousser; tout ce *gréement*, dont nous faisons usage, se trouve déjà employé sur le vaisseau de 1510.

Le perfectionnement des formes des carènes suivait les progrès de l'armement des vaisseaux. Les traversées devenaient moins longues; des nefs génoises ou vénitiennes revenaient quelquefois en une quinzaine de jours des ports d'Angleterre à ceux d'Italie.

L'usage des bouches à feu apporta peu de changements dans l'installation des galères; leur proue seule, quelque peu renforcée, fut armée d'un long canon, appelé le *coursier*, établi sur un massif de bois destiné à son recul, et se prolongeant dans le milieu du navire jusqu'au dernier banc de rameurs. Ce massif, nommé la *coursie*, recevait le bout intérieur des bancs, ainsi que l'extrémité d'un marchepied, la *pédague*, situé à deux palmes au-dessous, sur lequel était enchaînée la jambe qu'y appuyait chacun des rameurs.

De chaque côté du coursier, des montants verticaux supportaient des fourches tournantes sur lesquelles se plaçaient des faucons et des espingoles ; l'espace compris entre cette rangée, nommée le *joug de proue*, et la pointe de l'*éperon*, s'appelait la *plamette de proue* ; à l'arrière, un espace semblable s'appelait la *plamette de poupe*, et avait également pour limite un barrage appelé *joug de poupe*.

Entre le dernier banc de rameurs et le joug de poupe, le pont de la galère était au niveau de la partie supérieure de la coursie qui venait s'y endenter. Cet espace, appelé l'*espalier*, était surmonté habituellement d'une riche tenture de damas, qu'on laissait luxueusement retomber de chaque côté jusque dans la mer.

La cale de la galère était divisée en chambres, ou *soutes*, occupées par les munitions et les armes. Le dessus de l'*espalier*, plus élevé que le reste, servait de chambre de parade. De chaque côté, le long du navire, un plancher étroit, la *bande*, courait d'un *joug* à l'autre à la hauteur de l'espalier et de la coursie; c'est là que s'asseyaient les soldats pendant la *vogue*, et qu'ils se tenaient debout derrière la pavesade pendant le combat.

Telles étaient les galères appelées *fines* ou *subtiles*. Au milieu du seizième siècle, Francesco Bressano, ingénieur vénitien, imagina des bâtiments à rames approchant davantage de la forme des vaisseaux à voiles, susceptibles comme eux de porter beaucoup d'artillerie; on leur donna le nom de *galéasses*; elles n'armaient qu'un rang d'avirons, mais d'une longueur de plus de cinquante pieds. Six ou sept forçats étaient employés à mouvoir chacun d'eux. Les galéasses, plus longues, plus larges et plus hautes surtout que les galères, avaient des châteaux à la proue et à la poupe. Dans celui d'avant, elles portaient douze canons en trois étages de batterie. Dans celui d'arrière, elles en portaient huit en deux étages. Entre chacun des trente-deux bancs de rames était un canon pierrier sur pivot. Ce formidable armement comportait mille à douze cents hommes d'équipage.

La galéasse avait trois mâts et des voiles latines; cependant elles étaient parfois à *trait* carré en tout ou en partie.

Au-dessus des canons pierriers et des rames était établi un plancher défendu par un parapet crénelé, sur lequel les soldats et les *mousquetaires* étaient avantageusement placés pour combattre. Ces bâtiments ne pouvaient être commandés que par des nobles vénitiens qui prêtaient serment sur leur tête de ne pas refuser le combat à vingt-cinq galères ennemies. Les galéasses de Bressano formèrent l'avant-garde de la flotte chrétienne à la bataille de Lépante; leur artillerie fit de terribles ravages dans la masse compacte des galères infidèles.

En France, dans l'Océan, des galères, moins fines de forme que les ga-lères·subtiles, sans avoir la grandeur des galéasses vénitiennes, furent cependant qualifiées du même nom. Pour certaines navigations on les installait en vaisseaux à voiles, dont elles devaient dépasser la vitesse en raison de leur forme allongée.

Pour transporter en Écosse la duchesse de Longueville, fiancée au roi Jacques, François I$^{er}$ fit équiper au Havre trois de ces galéasses à deux mâts : *la Réale, le Saint-Pierre* et *le Saint-Jean,* dont la voile de *mestre* était surmontée d'un trinquet de gabie carré comme elle.

L'*Armada* de Philippe II, à qui l'orgueil espagnol avait donné par avance le nom d'invincible, avait une division composée de galéasses et de *galions;* cette dernière espèce de navires n'était autre chose qu'un vaisseau à voiles allongé, muni d'une rangée d'avirons. On supprima bientôt ces moteurs, et le nom de *galions* fut conservé par les Espagnols et les Portugais aux bâtiments armés en guerre qui rapportaient les tributs de leurs posses-sions d'outre-mer.

Le dix-septième siècle vit opérer de grands changements dans l'architecture navale comme dans l'armement et dans la tactique. Un vaisseau anglais, *le Souverain-des-Mers*, lancé en 1637, résuma dans sa construction et les diverses refontes qu'il subit les progrès de l'art maritime, jusqu'au moment où il périt, consumé par accident.

Les vaisseaux de premier rang n'avaient encore eu que deux étages de canons, sans compter ceux de leurs châteaux. *Le Souverain-des-Mers* fut construit à trois rangées de canons, à trois batteries couvertes, ce qu'on appelle à *trois ponts*, quoiqu'il en eût réellement cinq, l'entre-pont et le pont supérieur étant désarmés. Son château d'arrière se composait de trois étages : un demi-pont, percé de quatorze sabords ; un quart de pont, supérieur au précédent et surmonté d'une chambre ronde, *round house*, un *dôme*. Les sabords s'ouvraient au milieu des sculptures de trophées militaires qui décoraient tout son bord, et qui se continuaient sur les *mantelets*, sorte de volets qui ferment les sabords et que l'on relève pour donner passage à la bouche des canons. Hercule, Jason, Neptune, Éole, figuraient en reliefs allégoriques sur les cinq étages de sa poupe aplatie, autour des dix embrasures qui s'ouvraient à ses canons de *retraite*. Son château de proue, dont la saillie à l'extérieur fut diminuée, était armé, sur sa face d'avant, de dix pièces dites *de chasse;* les angles de la poupe étaient ornés de cinq petites tourelles.

La mâture et les voiles restèrent semblables à celles du *Grand-Henri.* Le mât incliné en avant, le *beaupré,* point d'appui des étais du mât de misaine, devint plus solide et plus considérable, et fut muni à son extrémité d'une plate-forme, d'une hune pour une sentinelle ou *vigie.*

Le vaisseau français *la Couronne,* contemporain du *Souverain-des-Mers,* était aussi considéré comme le chef-d'œuvre naval de l'époque. Toutefois, on raconte qu'à l'aspect de ce vaisseau, plus grand et plus orné que les trois ponts de nos jours, la duchesse de Rohan s'étonna seulement qu'on eût employé toute une forêt du duc son époux à une si petite *bâtisse.* Malgré le dédain de la noble dame, nous sommes contraints d'admirer ces œuvres de nos devanciers. Ces bâtiments étaient moins bons à la mer, sans doute; mais, tous nos lecteurs peuvent en juger, quelle richesse et quel aspect grandiose offraient ces navires à côté de la monotone simplicité de ceux de nos jours!

Quinze ans après, ce vaisseau subit une grande réparation; on en profita pour mettre sa construction en harmonie avec les idées progressives de l'époque. Son château d'avant, privé de toute saillie extérieure, présenta une face plane; au-dessous de sa base, des courbes gracieuses venant se réunir à l'extrémité de l'éperon, terminé par une statue équestre, formèrent la *poulaine*. Son dôme et son quart de pont disparurent; le demi-pont diminué remplaça celui-ci, et le pont supérieur coupé devint le demi-pont. Les tourelles suivirent le sort du château d'arrière, et devinrent les *bouteilles*, renflements arrondis qui décorent les angles de la poupe. Le quatrième mât droit, celui de l'arrière, fut supprimé. Sur la hune du mât oblique de l'avant s'implanta un mâtereau retenu par des étais fixés au mât de misaine et qui servit à hisser une voile carrée, le *perroquet de beaupré*. Sous ce dernier même, on mit en travers une vergue, la *civadière*, dont la voile, traînant à la mer, devait être de peu d'effet. Les autres mâts, jusqu'alors d'un seul brin, malgré leur division en trois étages, furent fractionnés en trois parties qui, s'ajoutant l'une à l'autre, purent être remplacées plus facilement en cas d'avarie.

Ainsi que nous l'avons vu dans l'arsenal, le bas mât se termine par un *tenon* carré. Un plateau de bois, cerclé de fer, s'adapte sur ce *tenon* et déborde en avant d'une quantité suffisante pour qu'on y perce un trou rond destiné au passage du mât de hune. Ce plateau se nomme le *chouquet*; les barres qui, placées plus bas, supportent le plancher de la hune, laissent entre elles, au-dessous du trou rond du *chouquet*, un intervalle carré, la *cheminée*, où passe le pied du mât de hune; ainsi enfilé dans la *cheminée*, puis dans le trou rond du *chouquet*, le mât de hune devient la continuation intime du bas mât; une fois qu'il est à une hauteur convenable, son pied est traversé au-dessus de la cheminée par une pièce de fer, dont les deux bouts, appuyés sur les barres, empêchent le mât de descendre. Il en est de même pour le mât de perroquet. Chacun des mâts additionnels est retenu par des *haubans* fixés au bord de la hune correspondante, et des *galhaubans* qui descendent jusque dans les petites galeries ou *porte-haubans* des bas mâts. Le mât de l'arrière, qui a pris en France le nom d'*artimon*, portait encore une voile latine, l'*ourse*; au-dessus de cette voile, il reçut un hunier carré nommé *perroquet de fouque*.

Allégé dans les hauts par l'abaissement de son château d'arrière et la suppression d'un pont, le *Souverain-des-Mers* devait porter beaucoup plus de voiles; aussi ses mâts furent-ils allongés, et les huniers, ayant acquis de respectables proportions, devinrent les voiles importantes du navire.

C'est alors que Louis XIV donna un grand développement à la marine militaire. Les vaisseaux qu'il fit construire, résumant tous les progrès de ce temps, avaient avec celui que nous venons de décrire la plus grande analogie; leurs ornements, leurs dorures, leur marqueterie étaient, pour cette époque, d'une simplicité de bon goût.

Trois magnifiques lanternes dorées couronnaient les angles et le milieu de la poupe; les balcons sculptés qui en faisaient le tour à chaque étage donnaient à cette partie privilégiée un aspect digne de la grandeur du souverain et de la richesse de la nation.

En même temps qu'on ramenait l'architecture navale à un système moins compliqué, les noms baroques et naïfs des engins du moyen âge furent remplacés par la nomenclature toute simple des calibres; le nombre de ceux-ci fut réduit, et chaque batterie fut armée de pièces de la même espèce. La fonte de fer, plus durable, moins coûteuse que le bronze, lui fut préférée.

La poupe des vaisseaux était entièrement plate, de façon que leur *sillage*, leur trace sur l'eau, était très-large; le gouvernail, au milieu du tourbillon des ondes engouffrées dans le vide laissé par la masse du navire, avait besoin d'être très-grand pour produire quelque effet. Un règlement de 1673 ordonna qu'à l'avenir les *façons* de l'arrière seraient continuées en courbe suivie jusqu'à la hauteur du pont de la première batterie; pendant la marche du navire, les filets d'eau, glissant sur ces contours adoucis, frappèrent beaucoup plus directement la surface du gouvernail, dont on put ainsi réduire les dimensions.

Pendant cette période illustrée par les Tromp, les Duquesne, les Tourville, les Ruyter, les Jean Bart, les Duguay-Trouin, on fit toujours figurer dans la ligne de bataille les bâtiments armés d'une batterie couverte. Un grand nombre d'entre eux n'étaient même pas de la force des petites frégates de nos jours, c'est ce qui explique ces flottes de cent vaisseaux que les Hollandais mettaient en mer chaque année.

La marine des galères perdit de son importance en raison des perfectionnements apportés à la marche, à la manœuvre et à l'armement des vaisseaux à voiles; elle resta désormais confinée dans la Méditerranée.

Toutefois, vers le commencement du dix-septième siècle, l'installation antique à plusieurs rames par banc avait été remplacée par celle des *galéasses*. Les forçats, employés jadis chacun à leur rame, réunirent leurs efforts sur le manche d'un pesant aviron.

A la même époque, au-dessus du canon de *coursie* et de ses acolytes, on éleva à la proue un plancher solide, une fraction de pont que l'on nomma la *rambade*; elle permettait aux soldats de combattre sans être gênés par le recul du coursier qui tonnait sous leurs pieds.

Au commencement du dix-huitième siècle, les vaisseaux perfectionnés cherchèrent à présenter au vent une plus grande surface de voiles, afin d'acquérir le maximum de vitesse dont ils étaient susceptibles. Les *bonnettes* devinrent d'un usage général. Ce sont des voiles longues et étroites qui s'ajoutent à volonté à côté des autres voiles et en augmentent ainsi la largeur. Elles sont *enverguées* sur un court *espar* dont le milieu se hisse tout au bout d'une des vergues principales. Une pièce de bois nommée le *boute-hors* prolonge la vergue inférieure en glissant dans deux colliers qui le soutiennent; son extrémité est garnie d'une poulie où passe un cordage destiné à porter en dehors le *point* extérieur de la bonnette, c'est l'*amure de bonnette*. La corde qui sert à tirer vers le milieu du navire le *point* intérieur, en est l'*écoute*.

Les bonnettes de misaine, ou *bonnettes basses*, se hissent par exception à l'extrémité du *boute-hors*, et sont tenues en bas par le poids d'une vergue que retient une manœuvre à deux branches, la *patte d'oie de bonnette basse*, qui vient de l'arrière du bâtiment.

Sur les étais des mâts, en guise d'antennes, on envergua des voiles *latines* ou *auriques* qui, avec le vent du travers, produisaient quelque effet favorable à la marche du bâtiment.

Vers le milieu du dix-huitième siècle, le mât de perroquet de beaupré, édifice fragile, fut supprimé. Un *espar*, nommé *boute-hors*, fut ajouté au beaupré qu'il prolongea dans la même direction, et une voile triangulaire. appelée le *grand foc, s'envergua* sur une grosse corde appelée *draille,* qui joignait la tête du mât de hune à l'extrémité du boute-hors. Par sa position éloignée du centre de gravité, le grand foc est une des voiles de manœuvre les plus efficaces.

Les mâts de perroquet eux-mêmes furent surmontés des mâts de perroquet volants, depuis *cacatois,* ce qui porte à quatre le nombre des étages de voiles. Au mât d'arrière, à l'*artimon,* le perroquet supérieur au perroquet de *fougue* s'appela *perruche.* L'*ourse,* cette voile à antennes, fut remplacée par la *brigantine* enverguée sur la *corne* et dont l'écoute passe à l'extrémité d'un arc-boutant horizontal appelé le *gui.*

Le vaisseau *l'Océan* est de nos jours le résumé des progrès de tout un siècle. En 1760, il fut offert au roi Louis XV par les états de Bourgogne; il était alors à double dunette et château d'avant. Son éperon rasait la mer du réseau de ses courbes à jour; la muraille du navire s'arrêtait à la hauteur des corridors ou *passavants,* le long desquels des montants en fer supportaient un parapet de cordes. Les *branles* ou *hamacs,* lits suspendus des ma-

telots, roulés dans une longue toile peinte ou *prélart*, servaient, au moment
du combat, de pavois ou *bastingages*. Son beaupré portait deux *civadières*
et plusieurs focs. Il subit un grand radoub lors de la guerre d'Amérique ; on
lui enleva une de ses dunettes et son château d'avant. Sous la république, il
fut réinstallé de nouveau, et, sous le nom de *la Montagne*, il porta à l'extrémité de la *corne de brigantine*, qui avait remplacé l'*ourse*, le pavillon aux
trois couleurs. L'amiral Villaret-Joyeuse monta ce vaisseau au combat du
13 prairial. Après cette terrible lutte, il rentra à Brest emportant dans sa
membrure cinq cents boulets ennemis, sans compter les marques nombreuses
de ceux qui l'avaient traversée.

On profita de la réparation qui lui était nécessaire pour continuer la muraille au-dessus des *passavants*. De nos jours, ce vaisseau, entièrement re-
fondu, est monté par l'amiral de l'escadre de la Méditerranée : sa *poulaine*,
relevée au niveau du pont supérieur, est *bordée* en plein ; la *grande rue*,
ouverture entre les passavants, a été fermée ; la dunette dépasse à peine le

mât d'artimon. L'espace qui la sépare du grand mât s'appelle le *gaillard d'arrière*; celui qui reste entre le mât de misaine et l'étrave est le *gaillard d'avant*. Une batterie continue, de caronades de 30, arme cette couverte supérieure du navire. Le seul vestige de son origine, c'est sa *rentrée*, son rétrécissement par en haut; malgré cela, c'est encore un des plus beaux navires de la mer.

Indépendamment de la suppression de la rentrée, la mode amena aussi celle de la *tonture* ou courbure dans le sens de la longueur. Le type du beau est devenu un navire bien ras sur l'eau, bien droit, surmonté de trois mâts bien effilés, bien nus. Pour allonger à l'œil le corps des vaisseaux, les lignes blanches des batteries sur lesquelles les *sabords* dessinent leur noir échiquier se prolongent maintenant sur l'éperon, ou *guibre*, et sur les *bouteilles* dont elles sabrent impitoyablement les sculptures.

La dernière innovation est la construction des navires à poupe ronde, ce qui leur donne plus de défense par l'arrière contre la mer et contre l'ennemi; mais ce système augmente considérablement la dépense.

A l'intérieur, les vaisseaux sont de nos jours aménagés de la manière suivante :

L'espace compris entre le faux pont et la carène, la *cale,* est divisé en
compartiments destinés à recevoir les munitions de mer, de guerre et de
bouche. En arrière, dans les façons du navire, sont réservées de petites *soutes*
ou magasins pour les provisions de l'amiral, du commandant et des officiers.
En avant de celles-ci est la *soute aux poudres*, séparée du reste du bâtiment
par deux murailles en briques. Un œil-de-bœuf percé dans l'une d'elles, et
fermé par une glace convexe, inamovible, de plusieurs pouces d'épaisseur,
laisse pénétrer dans la soute la lumière d'un fanal à réflecteur, installé dans
une guérite sans communication avec les poudres. Le pont supérieur est ouvert de petits panneaux pour le passage des *gargoussiers,* étuis en cuir servant
à transporter les *gargousses,* ou cartouches à canon, de la soute aux pièces.
Un robinet communiquant avec la mer permet, en cas d'incendie, de noyer
les poudres. Les caisses en cuivre, à couvercle vissé, qui les renferment,
peuvent impunément séjourner dans l'eau sans que leur contenu en soit altéré.

En avant de la soute aux poudres est établie la *cale au vin.* Des tonneaux,
dont la capacité est de mille, sept cent cinquante, ou cinq cents litres, rangés
sur des chantiers symétriques, reçoivent la quantité de vin nécessaire pour
une campagne de neuf mois. Sur les côtés de cette cale sont établies des
soutes pour les légumes secs et le biscuit. Le pied du grand mât repose dans
la cale au vin. Il est entouré des quatre corps de pompes destinées à épuiser
l'eau qui s'introduit par tant de causes diverses dans le bâtiment. Elles sont
protégées par des cloisons formant ce que l'on appelle l'*arche-aux-pompes*,
que les *calfats,* qui sont chargés de son entretien, ne manquent pas de
nommer l'*archipompe.*

En avant de la cloison de la cale au vin, des compartiments carrés reçoivent
les *chaînes-câbles* longues de cent vingt brasses ; à côté de celles-ci sont les
*puits à boulets.*

Le vaste intervalle du grand mât au mât de misaine est réservé à la cale à
eau. Cette indispensable provision est logée dans des caisses en fer d'un
mètre cube, disposées sur deux ou trois plans. Au-dessus du dernier règne
un plancher mobile ; dans l'intervalle de six pieds qui le sépare du faux pont,
sont installés par piles circulaires, dans un ordre parfait, les câbles, grelins,
cordages de rechange de toute espèce.

Les barils de salaison, d'huile, de vinaigre, de rhum, de sel, de farine, de riz, etc., etc., remplissent tous les vides de ces différentes cales.

La partie inférieure de la cale, la sentine, a été préalablement comblée par les *gueuses*, lest sur lequel s'établit le reste du chargement.

En avant de la cale à eau s'ouvrent, sur l'espace libre entre les piles de *filin*, les deux portes de la soute aux voiles; lorsque l'on remplace une voile, celle de rechange sort toute pliée de cette soute, et, au moyen d'un cordage qui vient du sommet du mât, monte sans s'arrêter jusqu'à la hauteur de la vergue où on l'attend; c'est par des moyens semblables qu'on est arrivé à exécuter en quelques minutes des travaux qui demandaient autrefois plus d'une heure. Sur l'avant de la soute à voiles se trouve la *cambuse*, magasin de détail journalier des vivres; c'est un des lieux du bord où, sous les influences les moins favorables, règne la propreté la plus recherchée. La chaux étincelante de blancheur dont on recouvre journellement toutes les cloisons neutralise par son acide salubre les émanations des comestibles qui se débitent dans ce local. Le long des baux sont accrochées les balances de cuivre brillant, les mesures en étain, polies comme de l'argent, dont se servent les *cambusiers* [1] pour mesurer le vin déposé dans deux *foudres* aux cercles fourbis.

Enfin, en avant de la *cambuse*, jusqu'à l'étrave, s'étend le *magasin général*, en forme de fer à cheval, dont l'intérieur est occupé par une deuxième soute à poudre. Ce magasin est le dépôt de tous les ustensiles, menus objets, outils, rechanges du bord, que le goût des *magasiniers* dispose en ornements de toutes sortes le long des cloisons; les têtes des clous de rechange y dessinent des trophées de drapeaux, les armes de France, y compris la Charte constitutionnelle; les boucles de hamac, les cosses suspendues en festons en ornent le pourtour; les chaînes de *grappin* d'abordage, les harpons, les *fouënnes*, espèce de tridents, courent sur les baux en capricieuses arabesques; les *réas* de poulies, enfilés par rang de taille sur une tige de fer, représentent des colonnes plus ou moins toscanes; chaque panneau est couvert d'un groupe de haches, de scies, de ciseaux, panoplie à l'usage du *maître charpentier*. Dans la cale à eau, la cambuse et le magasin, un petit couloir laissé libre le long du bord permet de circuler incessamment d'un bout à l'autre de cette partie du navire exposée, dans le combat, aux trous de bou-

---

[1] Voir l'article *Équipage*.

lets sous-marins. Il n'y a pas quinze ans que cette cale, si bien divisée aujour-
d'hui, éclairée par plusieurs fanaux, n'était qu'une vaste caverne dont les
sentiers détournés étaient connus seulement des *caliers*, noirs génies qui
l'habitaient.

Entre le *faux pont* et le *pont* de la première batterie, est compris l'*entre-*
*pont*. De petites fenêtres rondes de huit pouces de diamètre, les *hublots*,
éclairent cet espace ; leur orifice, à peine élevé de trois pieds au-dessus de la
mer, se ferme au moyen de verres lenticulaires. Les sacs et hardes des matelots sont rangés dans des caissons qui meublent toute la longueur du faux
pont. Des crocs fixés dans les baux supérieurs, à dix-huit pouces d'intervalle,
servent à accrocher les boucles des *hamacs*, autrefois appelés *branles*.

Sur l'avant, sont quelques chambres pour les *premiers maîtres* du bâtiment.
A l'arrière, sur les frégates, est le logement des officiers, composé d'une ca-
bine pour chacun d'eux, et d'une grande salle commune qu'on nomme le
*carré*. Sur les vaisseaux de ligne, ce carré est à l'arrière de la seconde batterie ; c'est aussi dans l'entre-pont, au grand étonnement des Anglais, que se
trouve le four où l'on cuit du pain frais pour l'état-major, et deux fois par
semaine pour tout l'équipage.

Au-dessus de l'entre-pont, est la première batterie, dont la muraille, percée
de sabords, laisse passer la volée des canons longs du calibre de 50. Dans

les anciens vaisseaux, cette première rangée de canons n'était élevée que de quatre ou cinq pieds au-dessus du niveau de la mer. Le moindre vent, les vagues les plus ordinaires, nuisaient à l'efficacité du tir, et compromettaient la sûreté des vaisseaux. Dans l'armée navale aux ordres de l'amiral de Conflans, sous le règne de Louis XV, *le Thésée* et *le Superbe* coulèrent bas en virant de bord, la mer les ayant envahis par leurs sabords ouverts. En 1789, l'amiral Kempenfed avait ramené à Plymouth le vaisseau *le Royal-Georges* chargé de prises de la plus grande valeur; on mit les voiles au sec, en les hissant, sans avoir la précaution d'attacher les *bras* des vergues; tous les sabords étaient ouverts, le vaisseau, à moitié déchargé, était fort mal lesté; une brise s'éleva subitement du *travers*, orienta les voiles abandonnées à elles-mêmes, et fit incliner le vaisseau qui se remplit par ses sabords et coula à fond; neuf cents hommes et l'amiral lui-même y périrent. Sa fin tragique est relatée sur le monument qui lui a été élevé dans la basilique de Saint-Paul de Londres.

De nos jours, on s'efforce de donner aux vaisseaux au moins six pieds de hauteur, de la batterie à la mer.

Indépendamment des *panneaux* pour la circulation, des *étambraies* pour les mâts et les pompes, le pont de la batterie est percé de trous ronds, garnis de fer, correspondant aux puits à chaînes de la cale. Les *câbles-chaînes*, sortant de ces puits, viennent, après avoir passé par ces ouvertures, s'allonger sur le pont de la batterie; elles en traversent la muraille en passant dans les *écubiers*, ouvertures circulaires de chaque côté de l'étrave, et, sortant ainsi en dehors du navire, vont s'attacher à la *cigale* de l'ancre. Avant d'arriver à l'*écubier*, la chaîne a été *capelée* (jetée) en écharpe sur les *bittes* : ce sont deux montants en bois de trois à quatre pieds de hauteur, solidement chevillés sur le pont et réunis par une traverse, le tout garni d'une épaisse feuille de fer. Le frottement de la chaîne enroulée sur cet appareil diminue la vitesse de sa course quand on laisse tomber l'ancre ou quand la force du vent oblige à laisser filer une plus grande longueur de chaîne, une plus longue *touée*.

Les ancres sont suspendues en dehors, sur de fortes courbes de bois, appelées *bossoirs*, à l'avant du navire; les cordes qui les y retiennent s'appellent des *bosses*. On donne aussi ce nom à de grosses cordes courtes qui s'accrochent d'un bout à une boucle du pont de la première batterie et s'enroulent de l'autre sur la chaîne, pour l'arrêter.

La deuxième batterie, armée de canons de 50 courts, est occupée, à l'arrière, par la chambre du conseil.

La batterie haute, armée de caronades ou obusiers de 50, renferme, à l'avant, les cuisines, à l'arrière, le logement du commandant, quand un amiral occupe la dunette. Dans chaque batterie, autour des sabords, sont disposées les armes de main, pistolets, fusils, haches, destinées à l'armement des *servants* de chaque pièce dans le cas d'abordage; un seau à incendie, un fanal pour les combats nocturnes; le long du bord, des parcs à boulets en bois, au-dessus desquels s'accroche une rangée de paquets de mitraille, ou *grappes de raisin*, complètent l'encadrement des sabords. Au-dessus de chaque canon sont suspendus l'*écouvillon* et le *refouloir*; à côté, un baquet, ou *baille de combat*, reçoit l'eau qui, dans un feu animé, sert à rafraîchir la culasse échauffée, et dans laquelle le *mousse* porteur du *gargoussier* secoue les restes de poudre après avoir remis la gargousse au *chargeur*.

L'axe en fer du *cabestan* traverse la première et la seconde batterie; on peut ainsi *virer* à la fois dans les deux étages pour enlever une ancre ou pour tout autre travail de force.

Enfin, la couverture supérieure du vaisseau, les *gaillards* supportent une dernière batterie de caronades, tout l'appareil des poulies où viennent passer les manœuvres après leurs énigmatiques détours dans la mâture, et, enfin, entre les deux mâts, la chaloupe, qui renferme elle-même deux autres embarcations.

Sous la dunette, dernier étage de l'édifice, est établi l'appartement de l'amiral ou, à son défaut, du commandant. C'est du haut de ce reste du *château d'arrière* que ces derniers, ainsi que l'officier de service, examinent les mouvements des vaisseaux de la flotte, jugent à l'aspect du ciel des prochains changements de l'atmosphère, et font entendre leurs commandements.

En dehors du navire, les haubans vont se roidir sur une galerie extérieure, les *porte-haubans*, que retiennent en dessous de fortes chaines, terminées par des lattes chevillées sur les flancs du vaisseau.

En arrière de la dunette, des arcs-boutants de bois servent à suspendre un canot et une yole; d'autres embarcations se hissent de la même façon de chaque côté du gaillard d'arrière.

On appelle vaisseau de premier rang, ou *trois-ponts*, ceux dont les flancs sont armés de trois étages de canons, sans compter les caronades, batterie *barbette*, des gaillards, formant un total de cent vingt bouches à feu.

Les vaisseaux de second et de troisième rang n'ont que deux batteries couvertes.

Les frégates n'en ont qu'une seule.

L'épaisseur de la muraille, l'*échantillon* des bâtiments étant proportionné
à leur force, des navires de rang inférieur, des frégates, ne peuvent donc,
quel que soit leur nombre, essayer, sans désavantage, de lutter contre un
colosse à trois ponts, dont la batterie basse est presque impénétrable aux
boulets. C'est pourquoi le nom de vaisseau de *ligne* désigne les bâtiments
capables de se présenter dans la *ligne* de bataille.

Les autres bâtiments, *corvettes*, *bricks*, *goëlettes*, *cotres*, n'ont pour armement que la batterie découverte des gaillards. Les *bricks* diffèrent des *corvettes* en ce qu'ils n'ont que deux mâts verticaux : le grand mât et le mât de
misaine. Les *goëlettes* à deux mâts, comme les bricks, diffèrent de ces derniers
en ce qu'elles sont gréées de voiles auriques. Les *cotres* ou *cutters* n'ont qu'un
seul mât porteur d'une voilure semblable.

Voici encore une autre espèce de navire à voiles auriques, le *lougre*,
embarcation favorite de nos corsaires pendant la dernière guerre; fin cou-
reur, il serre le vent de ses voiles obliques, et, comme le vautour fond sur
sa proie, il s'élance en bondissant vers le riche *country-ship*, chargé des

produits de l'Inde. Faut-il fuir un ennemi supérieur, il remplace la voile de
son grand mât par le *grand appareil*, immense surface de toile qui le couvre
de l'avant à l'arrière; presque couchés sur les flots, sous cette puissante
voile, on a vu des lougres échapper ainsi à des frégates de première marche.

Au lieu d'une batterie latérale de caronades de faible calibre, la plupart des
goëlettes et cotres étrangers portent un long canon monté au milieu du pont
sur un affût à pivot; ils se trouvent ainsi munis d'une pièce respectable et qui
peut tirer dans toutes les directions. On ne sait pourquoi ce système n'est pas
adopté en France. Cette exclusion est assez en rapport avec l'incroyable dé-
fectuosité de nos bâtiments de flottille, qui, depuis quelques années, ont causé
la perte de plus de trente officiers et cinq cents marins, sans qu'aucun changement ait été apporté à leur conformation vicieuse.

Les galères étaient abandonnées depuis un siècle. Renonçant désormais à
chercher ailleurs que dans la brise un moteur pour leur puissante masse, les
vaisseaux semblaient arrivés aux limites de la perfectibilité, lorsque Fulton [1]

[1] On assure qu'en 1782, avant Fulton, le marquis de Jouffroy avait appliqué la vapeur à la
locomotion d'un petit bâtiment sur une de nos rivières; malheureusement, la France n'ayant
pas exploité cette idée, d'autres en ont réclamé la priorité.

essaya d'appliquer à la locomotion des navires un agent toujours disponible, plus efficace que les bras de l'homme, la machine à vapeur. Le mouvement de va-et-vient des pistons, changé par les moyens ordinaires en mouvement de rotation, se communique à des roues à *aubes*, placées en dehors du bâtiment, et les fait tourner avec vitesse. A demi plongées dans l'eau, ces roues trouvent un point d'appui; la surface plate des *aubes* ou *palettes* éprouve une invincible résistance, et c'est le bâtiment porteur de la machine qui est poussé en avant.

La disposition, à bord, de l'ingénieux appareil dont le Français Papin dispute l'invention à l'Anglais Watt, a exigé des modifications très-grandes dans l'installation du navire. Pour trouver à bord l'emplacement de la chaudière et de la machine, il a fallu supprimer tous les ponts intermédiaires; le milieu du bâtiment est devenu une vaste chambre où se meuvent les pistons et les rouages, où flamboient les fourneaux, et que traverse l'*arbre* ou axe des roues. La forme extérieure de la coque a dû subir aussi quelques notables changements pour recevoir les roues dont les palettes, de deux à quatre mètres de longueur, élargissent considérablement le milieu du navire. La partie supérieure des roues est masquée par un tambour circulaire qui garantit le pont de l'eau que font jaillir les battements des palettes. Les *vapeurs*, de même que les anciennes galères, sont beaucoup plus allongés, à proportion, que les vaisseaux ordinaires, dont le flanc doit, par sa pression sur l'eau, résister à la force des voiles élevées qui tendent à l'incliner.

Le grand espace occupé par la machine, l'énorme quantité de charbon nécessaire pour alimenter la fournaise, dont la chaleur réduit en vapeur élastique et puissante l'eau dont on remplit incessamment la chaudière, ne permirent aux bateaux à vapeur de s'approvisionner que pour de courtes traversées ; leur mâture, obstacle à leur marche avec un vent contraire, dut être considérablement réduite, malgré son effet économique quand la brise était favorable.

Les lacs et les fleuves d'Amérique furent les premiers témoins de la course presque magique d'un navire sans voiles et secouant dans les airs son panache de fumée ; l'esprit actif et audacieux des Américains du Nord saisit avec empressement les avantages de cette invention. Des convois remorqués par des *vapeurs*, symboles d'une civilisation perfectionnée, troublèrent le silence des forêts vierges, dont les arbres séculaires cachaient sous leurs branches entrelacées le large cours de ces fleuves géants.

Les bateaux qui sillonnent ces courants rapides, n'ayant point à s'exposer aux chocs des vagues, sont d'une construction très-rase. Une large plate-forme, les *gardes*, déborde au-dessus de la carène et continue le pont supérieur. Sur cette plate-forme est établie, pour les passagers, une véritable maison de bois à un étage. C'est un spectacle singulier, sur les rives du Mississipi, que cette multitude de maisons flottantes qui continuent sur les eaux la cité de la Nouvelle-Orléans.

Grâce à la facilité de la circulation aux États-Unis, de nombreux *vapeurs* s'éloignent chaque jour du quai, chargés de passagers, d'émigrants de toutes nations, Irlandais, Français, Allemands, qui vont chercher, dans les contrées encore inhabitées où le grand fleuve prend sa source, du travail que leur refuse l'avare et opulente Europe. Aucune formalité ne s'oppose à leur départ; aucun registre ne reçoit leurs noms. Avant de les laisser débarquer, le capitaine saura bien se faire payer du prix de leur voyage. Indépendamment de ces passagers, les bateaux surchargent leurs *gardes* d'une montagne de balles de coton, causes de nombreux accidents : la prise du vent sur la maison de bois fait parfois incliner le navire, de façon à mouiller les balles qui s'imbibent d'eau et deviennent si pesantes, qu'elles finissent par le faire couler bas. D'autres fois, le feu, manié sans précaution, gagne le chargement, et consume bâtiment et passagers. Chercher un refuge à terre, serait une entreprise inutile : des marécages impraticables bordent le cours du fleuve; les crocodiles qui y pullulent peuvent seuls les traverser. Souvent, le désir de dépasser un concurrent engage les patrons des bateaux à pousser aux dernières limites la tension de la vapeur. *Never mine ! Go ahead* (en avant)! disent-ils. La force surabondante ne pouvant plus s'échapper par les soupapes de sûreté qu'ils surchargent à dessein, amène l'explosion de la machine et la destruction du navire. Ce qu'il y a d'incroyable, quoique rigoureusement vrai, c'est que le capitaine du paquebot rival, cause et témoin du sinistre, a plus d'une fois continué sa route, sans s'arrêter pour secourir les malheureux échappés au danger du feu, et les a laissés tranquillement se noyer à sa vue. Par l'absence d'un registre quelconque, deux et trois cents individus, des familles entières disparaissent à la fois dans un événement semblable, sans que leur mort puisse être juridiquement constatée.

Dans l'espace de huit années, la moyenne des sinistres a été de un sur sept navires; aussi, en ayant égard aux événements analogues arrivés sur les chemins

de fer, peut-on assurer qu'il y a presque autant d'héroïsme à voyager de nos jours dans ces contrées que du temps où les Peaux-Rouges régnaient librement dans leurs vastes forêts. C'est à peine si jadis, en pénétrant dans le wigwam d'un Delaware ou d'un Natchez, on risquait plus d'être écorché vif que maintenant dans les hôtels garnis ou dans les *banques de cité*, et l'on ne saurait dire si le *tomahawck* des *Hurons* et des *Creeks* était plus meurtrier que les philanthropiques inventions de la civilisation moderne.

Malgré l'immense développement de ses communications fluviales, l'Amérique du Nord possède très-peu de *vapeurs* destinés à naviguer en haute mer. En 1839 la marine militaire n'en comptait qu'un seul, *le Poinsett*, tandis qu'à la même époque la France en avait quarante-huit. Mais l'Océan est pour nous comme un verre grossissant qui exagère à nos yeux la puissance des étrangers.

Laissant de côté une observation aussi sérieuse applicable également à la marine à voiles, il nous reste à faire connaître les progrès rapides du nouveau mode de navigation.

Les Anglais eurent bientôt adopté l'emploi de la vapeur ; par des essais aventureux ils lui donnèrent un immense développement. Les premiers, leurs négociants osèrent équiper ces *steamers* de la capacité d'un vaisseau de premier rang, munis de moteurs de la force de cinq cents chevaux, tandis que nous en étions encore à ne construire que timidement des machines de cent soixante. Nos *vapeurs* de cette dernière puissance furent armés de six bouches à feu, dont un ou deux canons de 80 ; mais ils n'ont point été munis du *coursier* des anciennes galères, qui semblerait cependant s'adapter parfaitement à leur mission.

La question de réunir dans un même bâtiment les avantages de la force obéissante, mais coûteuse, de la vapeur et de la puissance capricieuse des vents, a occupé les savants et les marins. La solution de ce problème a été tentée par le capitaine Bechameil, sur le vapeur *le Véloce*.

Grâce aux dispositions les plus ingénieuses, une mâture du volume des bas mâts d'une corvette se développait à volonté, et présentait en moins d'une demi-heure une surface de voiles égale à celle d'une frégate.

L'inconvénient de ce système, c'est (pouvait-il en être autrement?) d'exiger l'emploi de beaucoup de mécaniques ; et c'est un principe constant en marine, de n'exposer aux avaries qu'occasionnent les tempêtes ou les boulets de l'ennemi que des appareils dont la réparation ne réclame que les plus simples matériaux, du bois et des cordes ; les ouvriers les plus communs à bord, les matelots.

Le gouvernement français, devançant en cela tous les peuples maritimes, a ordonné la construction de douze frégates à vapeur qui, dans leurs deux demi-batteries couvertes et sur leur pont, porteront trente canons de gros calibre ; ce seront les galéasses de notre époque.

Les roues sont exposées en dehors au choc destructeur des lames et des boulets. Dans un gros temps, tantôt entièrement hors de l'eau, tantôt entièrement immergées, elles tournent sans effet utile, et tourmentent la machine. On tente aujourd'hui de leur substituer une vis placée dans le sens de la longueur de la quille, à l'arrière du bâtiment. Cet appareil agissant toujours à une certaine profondeur dans l'eau, reçoit de la machine à vapeur un mouvement de rotation rapide, et pousse en avant le bâtiment, de même qu'en détournant une vis on en fait sortir la tête, malgré la résistance de la main qui appuie sur le tourne-vis.

Cette invention, toute récente, est due à un Français, M. Sauvage, constructeur à Boulogne-sur-Mer. Le pas de vis, ou *hélice*, est très-creux, mais ne fait qu'un tour et demi tout au plus. Ainsi, désormais, les navires à vapeur, dégagés de ce lourd appareil des roues et des tambours, glisseront sans bruit sur les eaux, dont leurs flancs effilés ouvriront doucement l'écume comme des dauphins gracieux.

Le bois de construction devenant de jour en jour plus rare en Europe, on s'efforce de lui substituer depuis quelque temps l'emploi du fer. Les bâtiments construits sur nos rivières d'après ce nouveau procédé sont, à grandeur égale, plus légers et plus élégants que ceux en bois. On en a construit plusieurs en Angleterre pour naviguer en mer, et on en a obtenu des résultats très-satisfaisants.

A présent, la compagnie du *Great-Western*, qui, la première, a construit des grands bateaux à vapeur, dépasse dans les dimensions de *la Grande-
Bretagne*, nouveau bâtiment entièrement en fer, les limites du gigantesque.
Ce navire a trois cent vingt-quatre pieds de longueur sur son pont, environ
cent pieds de plus que le plus grand vaisseau de ligne ; sa largeur est de cinquante et un pieds ; la profondeur de sa cale est de trente-deux. Il a quatre
ponts, dont le plus bas est disposé pour recevoir la cargaison ; les deux ponts
intermédiaires sont consacrés aux passagers et à l'équipage ; ils sont divisés
en quatre grands salons, dont le principal a cent huit pieds de longueur ; en
deux vastes salles pour les dames, et cent quatre-vingts cabines, dont plusieurs
contenant deux lits. Une vis de seize pieds de diamètre mise en mouvement
par quatre machines de la force de deux cent cinquante chevaux chacune, tel
sera le moyen de propulsion en rapport avec les dimensions de ce colosse.
Sans occuper le moindre espace consacré aux passagers ou aux marchandises,
ce bâtiment pourra prendre quarante jours de charbon. D'après la vitesse probable d'un aussi puissant navire, il sera possible d'envoyer de l'Europe dans

l'Inde, en moins de quarante jours, un millier de soldats. Toutefois le funeste destin du *Président*, steamer dont la masse, presque aussi grande, s'est
probablement disloquée sous les coups d'une mer tourmentée, peut donner
à penser qu'il existe un rapport nécessaire entre la dimension des navires, la
ténacité des matériaux que l'homme peut employer et l'étendue des lames de
l'Océan. La frégate agile est la reine de la mer ; elle s'élève gracieusement sur
des lames qui couvrent le pont d'un plus vaste, mais plus pesant vaisseau ; et,
jusqu'à de nouvelles et plus heureuses épreuves, ce ne sera qu'à regret que
le marin se confiera à une machine aussi compliquée dont un seul boulon
défectueux peut compromettre l'existence, tandis qu'il entreprendrait sans
crainte les plus longues traversées sur un petit bâtiment.

A l'examen des progrès continus de l'architecture navale, depuis l'invention
du navire, on ne peut se permettre d'affirmer que notre siècle ait atteint les
dernières limites de la perfection, et que nos neveux ne se croient fondés à
déverser sur nous la critique que nous n'épargnons pas à nos devanciers. Et,
cependant, l'imperfection de leurs bâtiments ne peut qu'augmenter l'admiration qu'inspirent la hardiesse de leurs entreprises et le succès qui a
été plus d'une fois le prix de leur témérité.

## L'ÉQUIPAGE.

Dans la cabane suspendue au flanc du rocher dont la mer ronge la base, sur les plages où vient se briser la lame, le nouveau-né s'endort bercé tantôt par le chant monotone de sa mère, tantôt par les sourds mugissements des vagues, le bruit des cailloux sur les grèves, ou le murmure de la marée. Imprégné des âcres haleines des vents du large, trempé chaque jour dans l'eau salée, sa nature s'identifie avec les objets qui l'entourent. Les premières idées qu'engendre confusément son esprit subissent les influences extérieures qui agissent sur son corps débile. Ses premiers regards, prolongés jusqu'aux vaporeuses limites de l'horizon, acquièrent une puissante lucidité; ils apprennent à lire dans les brouillards où se perdent les yeux de l'enfant des villes habitués à se fixer sur des formes arrêtées; il ne connaît de verdure que celle de l'herbe brûlée par l'air salin et les teintes noircies des algues marines qu'apporte le flux de la mer.

Son enfance a pour jouets l'aviron, la barque de son père; pour aliments, le produit de sa pêche; pour vêtements, les lambeaux de la voile usée; les

De Tournemine pinx.

Louis Marvy sculp

Enfances du Marin.

vents, la mer, les rochers, les nuages, telle est la nature qu'il apprend à connaître, tels sont les sujets des leçons laconiques du pêcheur.

A peine l'enfant a-t-il acquis quelque vigueur, il faut qu'il aide son père dans la manœuvre de sa barque ; il tient la barre du gouvernail pendant que l'autre *étarque* la voile, achève d'en roidir la drisse ; il manœuvre l'*écoute* qui résiste à l'effort du vent dans la voile, il apprend à ne la *filer*, lâcher, qu'au moment où la barque penchée *engage* son plat-bord dans l'eau qui va l'envahir. Il rame pendant le calme, prépare les hameçons, et s'instruit à saisir d'instinct le moment où le poisson révèle, par une légère secousse, qu'il a mordu à l'appât descendu au fond de la mer.

Plus tard ses frères, en grandissant, le remplacent dans son service ; alors il quitte le toit paternel et s'embarque comme mousse sur un bateau caboteur. Son navire fréquente de grandes villes, spectacle nouveau pour lui ; il va charger de l'huile à Marseille, des vins à Bordeaux, de la houille en Angleterre ; relâchant de port en port, sans jamais perdre la terre de vue, il apprend à connaître tous les écueils, toutes les passes, et quelque peu la manœuvre du bâtiment.

De son bateau à voiles basses, il ne peut s'empêcher d'admirer les grands navires *hauturiers* qui naviguent en haute mer ; il regarde avec envie les matelots qui s'élancent dans la mâture élevée, qui appareillent ses divers étages de voiles. Bientôt il veut imiter leur hardiesse, et s'adresse résolûment à quelque capitaine en quête de matelots pour un voyage de long cours. Celui-ci le fait inscrire sur son rôle d'équipage, au bureau du *commissaire des classes*. Le jeune *novice*, muni d'une ou deux chemises, d'un pantalon, d'un caban pour toute défroque, part le soir même pour Calcutta, la Havane ou Buenos-Ayres, peu lui importe ! Il n'est envieux que d'une chose, de voir la grande mer et l'autre bord de l'Océan. Pendant le voyage, il écoute avidement les récits de ses compagnons de route ; il entend pêle-mêle des remarques singulières sur le pays où il va, sur le changement d'aspect du firmament vu d'un autre point de la terre, et la nomenclature des auberges et des cabarets. Sobre dans son enfance, il a dû participer, à bord du caboteur, à l'absorption de la dîme prélevée sur chaque barrique de la cargaison et remplacée religieusement par une égale quantité d'eau de mer.

Après quelques mois de traversée, il atteint le port d'arrivée. L'aspect nouveau des côtes, du ciel, du climat, lui inspire ordinairement un redoublement de fièvre maritime. Enfin, après avoir déployé ses pavillons, le bâtiment entre en rade.

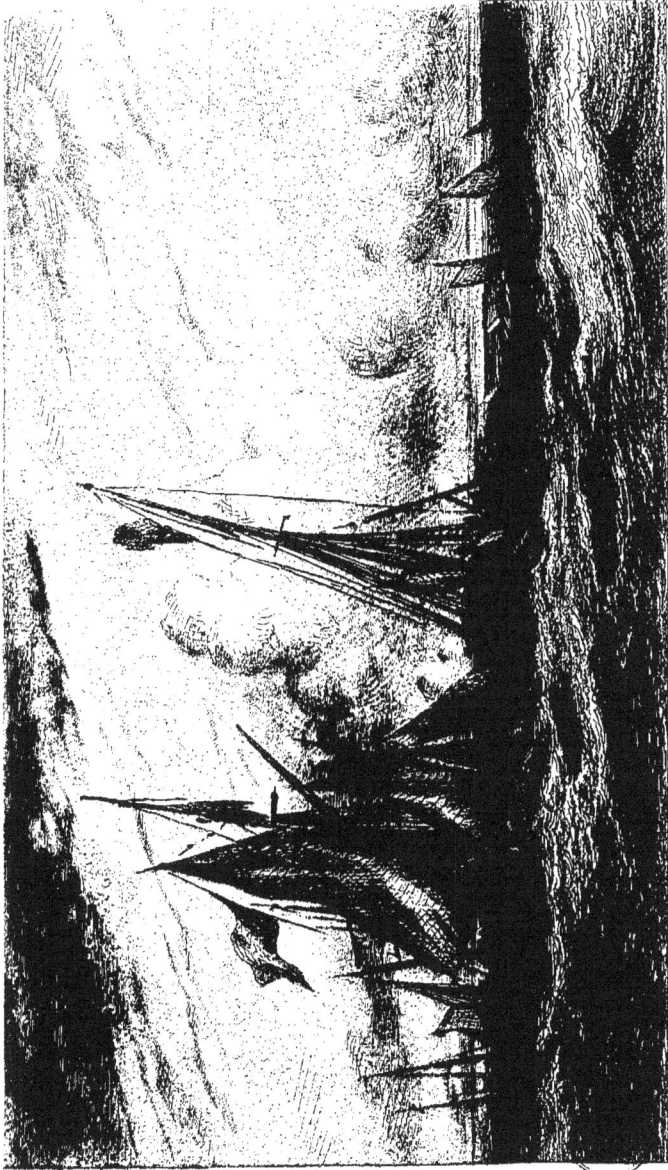

Isabey pinx.

Louis Marvy sculp.

Pêche de la Sardine.

La frégate française en station le *hèle* à son passage. A l'aspect de la sombre masse dentelée de bouches de canon, à l'examen de son *bastingage* formé de blancs hamacs, par-dessus lequel parait de temps en temps la pointe d'une baïonnette, à la vue de la régularité de tout le gréement, de l'alignement des mâts et des vergues, le jeune marin ne peut se défendre d'un sentiment de respect inquiet ; il a entendu dans sa traversée tant de récits exagérés sur la sévérité de la discipline navale, sur les tours de force de manœuvre qu'on exécute sur les bâtiments de guerre, qu'il en épie tous les mouvements ; il suit avec intérêt les exercices des équipages ; il voit ployer en quelques secondes par des centaines de bras les voiles qu'en raison de leur petit nombre les habiles matelots de son navire sont un quart d'heure à ramasser. Enthousiasmé à la vue des luttes de manœuvres où nos bâtiments rivalisent avec les étrangers, il lui manquerait la consécration du marin s'il n'y remplissait un jour son rôle. Ce destin ne peut lui échapper ; en vertu d'une ordonnance de Colbert et d'un décret de la convention nationale, tout homme ayant, pendant dix mois, fait profession de marin, est apte à être requis pour le service de la flotte ; c'est ce qu'on nomme le régime des *classes*, *l'inscription maritime*. C'est un grand avantage pour les matelots d'acquitter ainsi leur dette au recrutement. Au service de l'État, comme au commerce, c'est leur métier naturel qu'ils continuent. Ils ne sont pas, comme les conscrits, arrachés à leur profession au moment où ils commencent à la savoir ; au lieu de la paye illusoire du soldat, ils jouissent d'appointements presque égaux à ceux que leur accorde le commerce. Qu'est-ce d'ailleurs que le travail d'un équipage de plusieurs centaines d'hommes, uniquement occupés de manœuvres et d'exercices, à côté du labeur continu d'une douzaine de matelots, qui quelquefois en quinze jours, débarquent et rembarquent cinq cents tonneaux, un million de livres de marchandises, et repartent immédiatement pour un long voyage, moins nombreux que les voiles qu'ils auront à manœuvrer ? Cependant, autant le matelot anglais s'enorgueillit de n'avoir jamais servi que sur des bâtiments de guerre, autant le Français est habitué à s'en plaindre. Il n'ose avouer à ses camarades qu'il s'y est trouvé bien nourri, bien traité, qu'il aime mieux déférer aux ordres d'un officier commissionné du roi, plutôt que de chicaner son obéissance avec un *maître* du commerce, et qu'il a senti à faire partie d'un équipage militaire un orgueil qu'il préfère au bonheur de se couvrir à volonté de haillons disparates. Le caractère national se révèle dans le matelot, essentiellement bon et brave, mais toujours porté à la critique et à la plainte.

Ces dispositions ne sont pas également développées chez toutes les populations maritimes des côtes de France. Chacune d'elles a son cachet particulier. Le marin des côtes de la Manche est bien le descendant de ces Normands querelleurs, si redoutés de toute l'Europe ; habile navigateur, mais doué d'un caractère difficile, il ne se plie qu'avec résistance au joug de la discipline et s'abandonne aisément à un découragement mêlé d'irritation. C'est parmi les riverains de cette mer que se recrutent les intrépides *smogleurs*.

De petits cotres [1] agiles et bien voilés servent à la navigation interlope. Les nuits sombres et orageuses, pendant lesquelles le marin ordinaire se garde d'approcher une côte hérissée d'écueils, sont celles qu'ils choisissent pour se glisser dans les passes secrètes d'un labyrinthe de rochers. Au milieu des brisants de la lame qui s'engouffre dans les cavernes des falaises, à la lueur des éclairs, ils débarquent sur la côte étrangère les ballots de marchandises, les barils d'eau-de-vie prohibées. Souvent les balles des gardes-côtes viennent troubler leurs opérations ; souvent aussi ces hommes déterminés les bravent et engagent des luttes féroces dont ils sortent parfois vainqueurs.

Les Bretons, nation à part jusqu'au commencement du dix-neuvième siècle, ont conservé le caractère des peuples du moyen âge. Graves sans être lents, excellents matelots, ils ont pour leur chef le respect du vassal pour son seigneur. Avec des hommes ainsi disposés, il est facile aux capitaines de se laisser aller

[1] Chapitre 2, *le Navire*.

à un sentiment de bienveillance paternelle. Habitué aux orages dont l'Océan assiége presque perpétuellement les flancs déchiquetés de l'Armorique, le matelot breton résiste impassiblement aux plus longues périodes de mauvais temps. Flegmatique et obstiné, il supporte la douleur et les blessures avec une indifférence stoïque. Les seuls reproches qu'on puisse adresser à cette vaillante population, c'est d'être peu soucieuse de la plus simple propreté, et de s'abandonner à un penchant immodéré pour les liqueurs fortes.

En descendant vers le sud, le caractère des populations riveraines subit des modifications analogues à celles de l'esprit général du peuple. Le Saintongeois est déjà plus causeur, le spirituel Gascon plus loquace. Ce sont pourtant d'excellents hommes de mer ; leur esprit industrieux leur fait trouver aisément les ressources dont ne doit jamais être à court un bon matelot ou un *maître d'équipage.*

Le littoral français de la Méditerranée est formé par la Provence et le Roussillon. Les marins de cette côte sont lestes, vifs et ardents comme le climat de leur pays. Ils accompagnent de gestes expressifs leurs bruyants discours. Le silence et l'immobilité sont pour eux impossibles. Habilement dirigée, leur fougue généreuse peut opérer des miracles. Ne leur demandez pas un travail obscur et prolongé. Une fois que l'excitation qui les anime a disparu, la crainte et le mécontentement la remplacent ; mais qu'au moment d'une action, un habile capitaine exalte pour la gloire du pavillon les passions de ces Méridionaux impétueux, il n'est pas alors de témérité qu'il ne puisse entreprendre avec un pareil équipage.

Dans les ports de guerre, les enfants du peuple, familiarisés avec la marine de guerre, aspirent, dès qu'ils ont atteint l'âge de treize ans, à s'embarquer comme mousses sur une agile frégate ou sur un puissant vaisseau. Le sort de ces enfants a inspiré bien des ballades touchantes, bien des complaintes langoureuses ; mais certes, à les voir les plus joyeux des habitants du bord, on ne se douterait pas des larmes *amères* que les poëtes leur font verser au souvenir de leurs *mères* : vifs, alertes, bien vêtus, on les voit courir dans toutes les parties du vaisseau, se glisser rapidement dans les écoutilles où l'homme fait est obligé de se courber, riposter par une vive plaisanterie aux poussées amicales des matelots dans les jambes desquels ils se jettent ; insolents comme des pages, espiègles comme tous les enfants, ils se chargent particulièrement de martyriser le conscrit stupide et de le dégourdir en peu de temps. Il y a dans chacun des grands ports une école des mousses; ils y reçoivent des leçons de lecture, d'écriture et de calcul; un petit bâtiment, un brick en miniature, avec lequel chaque jour ils naviguent en rade, leur sert à étudier la pratique de tous les exercices de mer. En quittant l'école, ils s'embarquent sur un bâtiment de la flotte, et à l'âge de seize ans ils passent *novices*.

Dans l'antiquité, comme dans le moyen âge, les équipages des bâtiments à rames étaient formés de trois classes d'hommes : les *nochers, mariniers* ou *pilotes;* les combattants, *légionnaires, hommes d'armes, chevaliers;* et les rameurs, la *chiourme*. Chez les anciens, le maniement de l'*aviron* était réputé un service honorable. Virgile décrit comme une lutte olympique les courses des trirèmes d'Énée. Au moyen âge on y employa les infidèles, prisonniers de guerre, ainsi que les criminels : pour rester maître de leurs mouvements pendant la navigation et le combat, on les enchaînait à leurs bancs. Les souffrances qu'enduraient ces malheureux dépassent tout ce que l'imagination peut inventer : enchaînés pendant toute la durée de leur captivité, souvent de leur vie, sur ce banc de misère, ils avaient pour toute nourriture trois onces de biscuit et de l'eau; de deux jours l'un, seulement, dans la crainte de les *alourdir,* on leur donnait une soupe de trois onces de fèves bouillies. Il leur fallait quelquefois, pendant des journées entières, manier un pesant aviron au coup du sifflet du *comite;* les *sous-comites,* armés d'un fouet, ranimaient l'énergie des rameurs. Lorsque la *nage* durait longtemps, pour prévenir la défaillance, on leur mettait dans la bouche un morceau de pain trempé dans du vin. Si l'un d'eux tombait pâmé sur son aviron, le comite redoublait ses coups, le fouettait jusqu'à ce qu'il fût tenu pour mort, et on le jetait à la mer sans cérémonie.

Tel est le tableau qui nous a été conservé de l'état de ces misérables. Les Turcs, Maures ou nègres capturés sur les bâtiments barbaresques en formaient une partie; on leur laissait, pour les distinguer, une touffe de cheveux sur la tête; les criminels condamnés aux galères, les forçats, avaient le crâne et le visage entièrement rasés. Mais, ce qu'on a peine à s'imaginer, c'est qu'il y avait aussi des galériens volontaires! on les nommait les *bonnes-voglies,* hommes de bonne volonté; enchaînés comme le reste de la *chiourme,* ils partageaient ses travaux et sa misère, et n'en étaient distingués que par la moustache qu'ils portaient.

Pour ramer, les galériens avaient le corps complétement nu; mais, dans

le port, la chiourme était vêtue d'une manière uniforme. On forçait
les *bonnes-voglies* à économiser sur leur solde pour s'acheter des habits
de galérien !!! Les hommes qui acceptaient un pacte semblable étaient,
pour la plupart, d'anciens forçats, quelquefois des malheureux contraints
à solder de cette manière le montant des amendes auxquelles on les avait
condamnés.

Sur le banc de galère, celui qui tient la poignée de l'aviron s'appelle
le vogue-avant ; à sa moustache, on le reconnaît pour *bonne-voglie*. Les trois
esclaves qui rament après lui sont aussi reconnaissables à leur triste
physionomie qu'à leur touffe de cheveux. Le forçat assis le plus près de
l'apostis est le moins à plaindre, car il a de bien moins grands mouvements
à faire pendant la *nage*. Les matelots et les soldats des galères, sans abri
dans l'intérieur des bâtiments, étaient obligés de vivre en plein air ; les officiers n'étaient guère mieux logés.

Par une réciprocité naturelle, les chrétiens prisonniers des Turcs formaient la chiourme de leurs galères. Quinze mille de ces infortunés
furent délivrés par les vainqueurs de Lépante. Livrés à des barbares inac-
cessibles à l'humanité, leur sort était effroyable. Par un triste privilége, de
même que les noirs affranchis sont pour leurs esclaves nègres les maîtres les
plus féroces, ainsi les renégats maltraitaient les esclaves chrétiens plus
qu'aucun capitaine musulman. Le commandeur de Romégas, un des héros
de Malte, après un combat acharné, aborda une galère turque commandée

par le renégat Ali ; dans la lutte qui s'ensuivit, le commandeur, après avoir brisé ses armes, saisit corps à corps le renégat lui-même et le jeta à sa propre chiourme, qui, animée d'une haine furieuse, le fit passer de banc en banc jusqu'à l'arrière, où n'arriva qu'un sanglant et affreux lambeau.

Sur les navires à voiles, les mariniers et les soldats composaient tout l'équipage. Les commandants et les officiers, tous nobles, étaient surtout des hommes de guerre, et la conduite de la *nef* regardait le patron ou *maître*, ses aides et le pilote. L'habitude de charger un homme spécial, étranger à l'état-major, de la conduite du navire, s'est conservée dans la marine anglaise ; c'est celui qu'on nomme le *master*.

Les officiers anglais s'adonnent par conséquent beaucoup moins aux calculs et aux observations nautiques que les nôtres. Dans toutes les branches, ils s'éloignent également de l'activité pratique : c'est le *gunner* (le canonnier) qui instruit les hommes de la batterie, le *master* qui s'occupe de la tenue du gréement, le *boatswain* de tout ce qui regarde chez nous le *maître d'équipage* ; les institutions de leur marine sont réglées de telle sorte, qu'ils pourraient presque se passer d'officiers. Les matelots à haute paye, les *captains of sails*, s'occupent d'eux-mêmes à rectifier l'alignement des vergues, la tension de telle ou telle corde ; l'officier de service fait les commandements généraux de manœuvres, et laisse aux individus sous ses ordres le soin de leur exécution.

Chez les Français, au contraire, un officier est attaché à chaque *détail, manœuvre, voilerie, canonnage, charpentage, timonerie*; il s'en occupe avec minutie ; le second du bâtiment lui-même les surveille scrupuleusement ; l'officier de chaque batterie et les *élèves* commandent tour à tour les exercices du canon, les détaillent aux matelots ; c'est tout au plus si l'officier chargé de la mousqueterie ne prend pas le fusil d'instructeur. Ainsi que nous le verrons, dans la navigation, tous les officiers, chaque jour, font les observations astronomiques et les calculs de la position du bâtiment.

De nos jours, chez presque toutes les nations, les équipages sont composés de marins de profession et de soldats ou artilleurs de marine ; la même disposition fut suivie dans notre flotte jusqu'en 1824. A cette époque, les ressources de l'inscription maritime, amoindrie par la désertion des matelots de l'empire, auxquels la restauration n'avait pas pu d'abord donner de l'emploi, devinrent insuffisantes pour le nouvel essor que prenait la

Pauquet — ANDRE.CASTAN

AMIRAL

marine. C'est alors que furent créés les *Équipages de ligne*. Après plusieurs
changements, ces compagnies sont devenues le cadre où l'on incorpore
également les jeunes conscrits appelés, comme pour l'armée de terre, par
la loi du recrutement, et les marins de l'*inscription* pendant le temps qu'ils
passent au service. Grâce à l'aptitude de la nation, les matelots improvisés
par ce système deviennent bientôt utiles ; cependant, c'est presque toujours
au moment où ils sont formés en effet que leurs congés les enlèvent pour
jamais à la flotte. Aussi, à l'aisance de ses mouvements, à la souplesse de
ses reins flexibles, à la fermeté avec laquelle son pied presse le pont d'un
navire, à sa haine pour la roideur militaire, il est facile de distinguer le
marin des *classes* du paysan nouvellement enrôlé.

Le marin levé pour le service de l'État y entre la première fois comme
matelot de troisième classe ; le conscrit est apprenti marin et ne devient l'é-
gal de l'autre qu'au bout d'un an. Après six mois de service dans une classe,
le matelot est susceptible d'être promu à la classe supérieure par le conseil
d'avancement, formé des officiers du bord. Le matelot de première classe
peut devenir quartier-maître, grade équivalent à celui de caporal ; puis second maître, ou sergent, et enfin premier maître, ou adjudant. Les hommes
de professions spéciales, les calfats, les charpentiers, les forgerons, ne
peuvent arriver qu'au grade de maître, égal à celui de sergent-major.

Un spectacle qui frappe toujours l'observateur en montant à bord d'un bâtiment de guerre, c'est la différence d'aspect des deux extrémités du pont : en avant du grand mât, les matelots se pressent en foule; sur l'arrière, quelques officiers en peuplent la solitude. Sur les bâtiments français, où la plupart des règles extérieures de la discipline sont quelque peu négligées, cette inviolabilité du *gaillard d'arrière* subsiste encore; jamais les officiers ne montent sur le pont sans se découvrir en y arrivant.

L'origine de cette coutume remonte aux temps les plus anciens : c'est à l'*aphlaston*, à l'arrière du vaisseau de Ptolémée-Philopator, que les historiens placent les autels des dieux; c'est à l'arrière de son navire qu'Énée dépose les pénates qu'il a sauvés du sac de Troie, et c'est toujours du haut de la poupe élevée que Virgile le montre commandant à ses vaisseaux. Au moyen âge, les paradis, les châteaux d'arrière, servaient de logements aux princes et aux souverains.

La carrière de la mer a été de tout temps entourée, en France, de beaucoup de considération. Avant la révolution, il fallait, pour être admis dans le corps royal de la marine, prouver quatre quartiers de noblesse; indépendamment de cette formalité, les candidats étaient obligés, en qualité de *gardes-marine*, à suivre les cours d'une école spéciale, et à subir des examens avant de passer au service actif. Cette dernière condition ajoutait au relief de la naissance une considération mieux fondée. Des hommes d'un savoir éminent, entre autres, l'illustre Borda, allièrent à un haut degré la science à la bravoure chevaleresque. A cette époque, les négociants, souvent plus riches que le monarque, armaient à leurs frais des escadres entières; leurs vaisseaux étaient confiés à des marins éprouvés et intrépides. Au bruit des exploits de ces aventureux corsaires, le roi les requérait souvent pour le service de sa flotte, en qualité d'auxiliaires; on les nommait les *officiers bleus*, en raison de la couleur de leur uniforme, privé des retroussis écarlates qui distinguaient les nobles officiers du *grand corps*, les *officiers rouges*. A force de mérite, quelques-uns d'entre eux parvenaient à franchir la barrière qui séparait ces deux catégories; la gloire de Duquesne, de Duguay-Trouin, de Jean Bart, imposa silence à l'envie, et répandit sur le corps qui pensait les honorer en les recevant un lustre plus durable que ses priviléges.

Aujourd'hui, les lois ouvrent à tous un libre concours; l'aptitude et le

VICE-AMIRAL

savoir sont les seules conditions requises des candidats, lorsqu'ils se présentent aux examinateurs qui parcourent la France chaque année. Suivant les besoins du service, ils sont appelés par ordre de mérite à l'*école navale;* cette école est établie sur un vaisseau *mouillé,* ancré dans la rade de Brest. Au milieu de ce vaste bassin, les jeunes élèves, isolés des distractions des villes, sont tout entiers au spectacle de la vie maritime qui se mêle à leurs études et à leurs jeux. L'école est commandée par un capitaine de vaisseau; un capitaine de corvette en surveille la tenue; cinq lieutenants de vaisseau se partagent les détails de l'instruction pratique des élèves; l'un d'eux, chargé de leur enseigner la manœuvre des vaisseaux, commande une corvette dont ils forment l'équipage; chaque jour, deux heures sont consacrées à l'étude et à l'explication de tous les détails de manœuvre, des mâts, des voiles, des ancres du navire, et, deux fois par semaine, la corvette, appareillée par son jeune équipage en *vareuse* [1] et chapeau de paille, lui sert à mettre en pratique les leçons qu'il a reçues. L'un des officiers est chargé d'instruire les élèves de tout ce qui a rapport à l'artillerie : les exercices du canon, le tir à boulet au polygone et sous voiles, l'amarrage des canons à bord, les règles du pointage, tel est le sujet de ses théories toujours suivies d'application pratique.

La construction navale, l'organisation des compagnies et l'exercice des petites armes forment deux autres branches d'instructions également pratiques. Au milieu de ce fracas séduisant des armes, de l'odeur de la poudre, du charme de la navigation révélé par l'intelligence des manœuvres, les élèves de l'école navale trouvent encore le temps d'étudier la physique, l'astronomie et la science nautique, les mathématiques pures, la mécanique, le dessin, etc.

Pour vaquer à tous ces travaux, ils sont logés dans la batterie basse du vaisseau de 80 canons qui sert d'école, aujourd'hui *le Borda.* Au lieu d'une file de lourds canons, les pupitres et les cartons peuplent les embrasures et l'intervalle des sabords. Des tableaux noirs, suspendus au pied des mâts, servent de ralliement aux groupes plus ou moins laborieux; un camarade plus habile, la craie en main, redit la leçon oubliée du professeur, qui sert parfois de prétexte à une conversation que ne peuvent inter-

[1] Sorte de blouse en toile à voile que les matelots revêtent pour les travaux salissants.

rompre les adjudants chargés de la surveillance ; à leur approche, en effet,
on la surcharge de mots scientifiques, désespoir de ces honnêtes marins.

La vie de l'école navale est le mélange transitoire de celle du collége et du
vaisseau de guerre. Les classes s'y font dans une *sainte-barbe;* le tambour
rappelle à l'heure des leçons ; le réfectoire est la batterie basse, et la récréa-
tion se passe dans la mâture et le gréement. Les élèves sont couchés dans
des hamacs, mais il leur est accordé un peu plus d'espace qu'à ceux des
matelots à bord ; tous les matins, ils les serrent eux-mêmes et les portent
sur l'épaule au bastingage sur le pont, où ils viennent de même chercher
leur lit volant le soir ; leur nourriture, pour laquelle ils recevaient jadis
une ration et un traitement de table en argent, est maintenant ordonnée
par le conseil de l'école.

Pendant les deux ans de séjour des élèves à
l'école navale, ils obtiennent rarement la permission de descendre à terre. L'exercice de la
rame dans les canots, celui des voiles dans la
corvette, la visite de l'arsenal, tels sont leurs
principaux plaisirs. Dans l'intervalle d'une
année scolaire à l'autre, la corvette qu'ils manœuvrent sort de la rade de Brest, et de petits
voyages sur les côtes voisines font concevoir aux
jeunes navigateurs un avant-goût des expéditions lointaines. En quittant l'é-
cole, ceux à qui l'examen définitif est favorable entrent au service actif en

CAPITAINE DE VAISSEAU.

qualité d'élèves de deuxième classe. C'est la transition la plus marquée ; c'est l'avancement qui fait éprouver les plus douces émotions. Sortir tout à coup des bancs pour devenir un homme actif, bien plus, un militaire, pour avoir autorité sur des hommes ; tel est l'effet du brusque coup de baguette, dont les symboles extérieurs, l'aiguillette mi-partie or et soie, le chapeau à cornes et surtout le sabre, le vrai sabre, augmentent considérablement le charme. Cependant, déjà quelques esprits ambitieux ou misanthropes entrevoient que cette autorité est bien peu de chose, souvent illusoire, que ce bel uniforme sera bientôt avarié dans le poste, chambre commune réservée aux élèves, quel que soit leur nombre, à bord des vaisseaux où l'ordre du préfet maritime s'empresse de parquer les nouveaux élus.

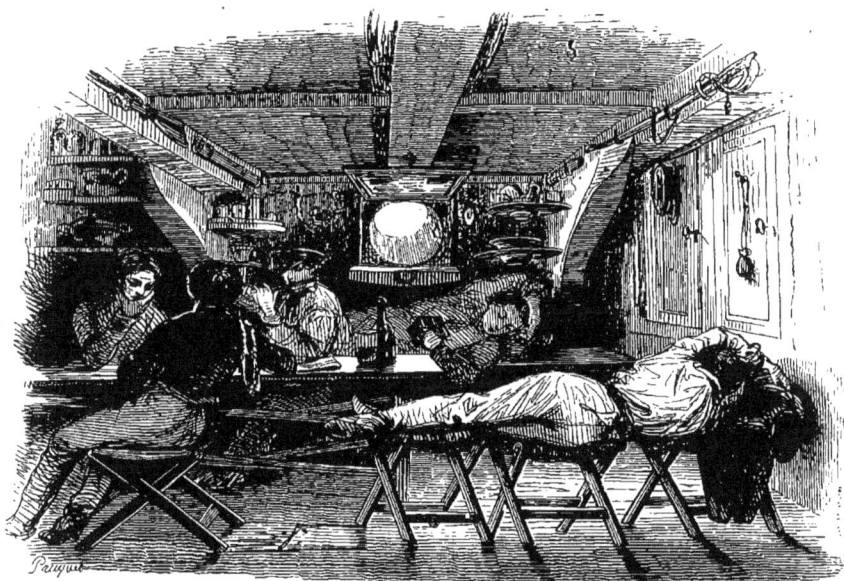

Une fois à bord, leur service commence. La froide réalité vient bientôt remplacer les rêves dorés ; un poste de huit ou neuf pieds carrés, qu'éclairent deux hublots étroits, reçoit dans l'entre-pont les dix ou douze élèves de marine. Cet espace, qu'on appelait significativement jadis la *soute aux gardes-marine*, est le théâtre des repas, des travaux scientifiques exigés des élèves, de leur délassement ; dans les caissons qui l'entourent se loge une partie des provisions de bouche ; dans une armoire, on établit un buffet pour la vaisselle éphémère, dont quelques jours de navigation diminuent l'encombrement. L'atmosphère du poste, bientôt viciée par les exhalaisons des repas et des provisions, raréfiée par la chaleur de la lumière qu'on est obligé d'y maintenir en permanence, accuse, dans les pays chauds, des températures fabuleuses. Alors commencent pour ses habitants plusieurs supplices simultanés. Les fraîches couleurs de la jeunesse et de la santé pâlissent bientôt dans un air chargé de miasmes ; le corps se couvre d'une éruption miliaire de *bourbouilles,* dont les aiguillons incessants martyrisent le patient de la tête aux pieds. Par la suite, le sang s'appauvrit, le tempérament se modifie, l'épiderme bronzé brave impunément les ardeurs des régions tropicales. Une des plaies les plus cruelles dont le ciel frappe un navire, c'est l'invasion des *cancrelats :* ce sont des insectes rongeurs, de l'aspect d'un hanneton, d'une odeur repoussante. Il y en a de la grande et de la petite espèce, qui, toutes deux, multiplient à l'infini ; rien n'échappe à leur voracité : le cuir des bottes, le drap des habits, la farine, le sucre, le biscuit, les livres, l'encre, tout est bon pour cette affreuse engeance ; ils tapissent les *bax* de l'entre-pont, se promènent toute la nuit sur le visage et le corps, et laissent souvent sur la peau les traces de leur contact dégoûtant.

Quand des fourmis ont été apportées de terre avec les provisions, c'est alors une véritable calamité. Le poste, livré aux bêtes voraces, n'est plus habitable ; il ne reste aux élèves pour consolation qu'à contempler sur les restes de leurs vivres détruits, de leurs chaussures percées, de leurs habits déchirés, les combats d'une ligue de fourmis contre un gigantesque cancrelat, qu'elles finissent toujours par dépecer et emporter par pièces dans leurs magasins.

Les élèves sont distribués à bord entre les différents officiers chefs de *quart* ; le plus ancien d'entre eux répète sur l'avant du mât de misaine les ordres de l'officier, qui reste toujours à l'arrière, et il les fait exécuter ; les autres élèves du même *quart* n'ont que la fonction très-secondaire de veiller sur les matelots, pour presser l'exécution des ordres donnés sur les différents points du gaillard d'arrière.

Indépendamment des détails dont les officiers sont chargés, ils sont tous obligés de se partager le service des *quarts.* On appelle ainsi le temps

ENSEIGNE DE VAISSEAU

pendant lequel une partie de l'équipage veille sur le pont, soit de jour, soit de nuit, en rade ou sous voiles. Le temps de service de chaque moitié de l'équipage, de chaque *bordée*, est de six heures, quart des vingt-quatre de la journée ; les officiers, cependant, obligés à une vigilance plus constante, ne font que quatre heures de service de suite, mais, s'ils sont peu nombreux, les intervalles en sont moins longs.

L'officier de quart est distingué par le *hausse-col* et le sabre qu'il doit porter. Il se tient sur le gaillard d'arrière des frégates, sur la dunette des vaisseaux, du côté d'où vient le vent. En rade, il veille à ce que les ordres de service relatifs à la tenue du matériel et du personnel, aux travaux, aux exercices, soient exécutés ponctuellement. C'est par sa voix que doivent passer tous les ordres ; le commandant veut-il son canot, le second donne-t-il l'ordre d'expédier la chaloupe, c'est à l'officier de quart qu'il s'adresse. Celui-ci commande à haute voix : Telle embarcation ! le second maître de quart, qui se tient toujours au pied du grand mât, traduit cet ordre par un coup de sifflet particulier qui pénètre dans toutes les parties du navire ; les hommes embarquent vivement, le canot s'approche de l'échelle ; le *patron*

en prévient l'officier de quart; celui-ci a fait appeler l'élève de corvée; il lui donne les ordres relatifs à sa mission, et en reçoit le rapport à son retour. En mer, il a en outre à veiller à la route, à la voilure du bâtiment; c'est par sa voix que s'exécutent toutes les manœuvres, excepté dans le cas spécial où le commandant prend le quart pour une grande manœuvre. Les officiers à bord des bâtiments français attachent une extrême importance à ce que, pendant leur quart, pas une corde, pas un fil ne soit touché sans leur ordre. Cette prétention n'est pas sans être élogieuse pour la marine, car elle prouve que les officiers ont assez de connaissance profonde de leur art pour se sentir en état de ne rien négliger dans le dédale de la mâture.

Une fois leur quart terminé, les élèves comme les officiers sont de *corvée* pendant la durée du quart suivant; si le bâtiment est en rade, il faut qu'ils se tiennent prêts à embarquer dans la chaloupe pour aller *faire* de l'eau, du sable ou des balais; dans un canot pour porter des hommes à terre, en chercher, ou tout autre service semblable. Dans l'embarcation même qu'il commande, l'élève n'est pas exempt de tribulations de plus d'une sorte; il lui faut lutter contre le mauvais vouloir du patron qui met son amour-propre à manœuvrer son canot à sa manière, et réprimer les licences de ses passagers, matelots, agents de vivres, cuisiniers, qui fondent sur l'influence de leur art un empire souvent véritable. Puis, une fois arrivé à terre, ce sont, de la part des hommes de l'équipage du canot, des demandes de permission de s'absenter pour quelques instants; s'il l'accorde, les cabarets voisins font bientôt oublier toutes les promesses. Il lui faut alors courir, sans y réussir toujours, pour rallier son monde. Parvient-il enfin, tant bien que mal, à ramener à bord son embarcation; alors l'officier de service ou l'officier en second s'informe des causes de son retard, remarque l'état ébriolique de ses hommes, et l'envoie passer trois jours aux arrêts dans le magasin général [1]. Après deux ans de service comme élève de deuxième classe, un dernier examen, qui roule principalement sur la pratique des calculs et des manœuvres, conduit au grade d'élève de première classe. C'est un changement de condition peu marqué; c'est toujours dans le poste qu'il faut habiter, accomplir les mêmes corvées; seulement, les élèves de première classe sont un peu plus payés, et, supérieurs aux adjudants ou premiers

---

[1] Voir l'article *Navire*.

ELEVE DE PREMIERE CLASSE

maîtres, ils n'ont pas à éprouver les désagréments des élèves de deuxième classe. Quatre places d'élèves de première classe sont réservées chaque année aux élèves de l'école polytechnique; ils portent le même uniforme.

Enfin, après avoir, pendant quatre ans au moins, roulé de poste en poste dans les deux classes, l'élève atteint le moment heureux où son ancienneté le place dans les promus aux deux tiers des places vacantes du grade supérieur, ou bien quelque influence heureuse le met dans le tiers des favorisés.

Le passage du grade d'élève de première classe, assimilé aux lieutenants en second, à celui d'enseigne de vaisseau, qui répond au grade de lieutenant en premier dans l'armée, amène un changement bien plus grand que la faible différence d'assimilation. L'enseigne est officier de marine, l'élève n'est qu'élève de marine.

L'enseigne de vaisseau a une chambre, un chez lui, outre le carré des officiers; l'élève n'a que le poste commun, la *soute aux gardes-marine*.

Les officiers ont un canot affecté à leur service, l'élève s'embarque comme il peut et où il peut.

Enfin, par une dernière anomalie, lorsqu'il y a des troupes passagères à bord, l'élève de première classe voit partager tous les priviléges des officiers par son inférieur, le sous-lieutenant de l'armée, et souvent il pourra être envoyé en corvée dans un canot pour conduire cet officier à terre.

Les élèves reçoivent, ainsi que tous les habitants du bord, sans exception, une ration de vivres du gouvernement; il leur est alloué en outre, par jour, un traitement de 1 franc par tête pour leur table; ce traitement, mis en commun, est confié à un chef de gamelle, élu par le sort, qui doit, avec cette médiocre subvention, alimenter ses voraces sujets. Aussi les élèves sont–ils souvent *à la cape*, dans l'impossibilité de doubler le cap *Fayots*, sur lequel les jette la *rafale* de la gamelle; tel est le style maritime sous lequel on déguise le dénûment qui réduit à se nourrir de *fayots*, haricots secs, fournis par la cambuse.

Les officiers, enseignes de vaisseau et lieutenants de vaisseau (ce grade correspond à celui de capitaine dans l'armée) forment une table commune; leur traitement de table est double de celui des élèves.

Les lieutenants de vaisseau peuvent commander des bâtiments de transport, de flottille et quelques bateaux à vapeur.

Les bricks et corvettes sont commandés par des capitaines de corvette;

les frégates et vaisseaux, par des capitaines de vaisseau, assimilés aux colonels de l'armée.

Une division de quelques bâtiments est commandée par un contre-amiral ; c'est le grade analogue à celui de maréchal de camp ou général de brigade. Les vice-amiraux, assimilés aux lieutenants généraux, peuvent commander une escadre et même une armée navale ; un rassemblement de plus de quinze vaisseaux de ligne prend ce dernier titre. Deux amiraux portent le bâton de maréchal de France ; d'après la législation actuelle, il n'en pourra être créé un troisième qu'en temps de guerre.

Les traitements de table des commandants varient suivant leur grade. Les officiers généraux reçoivent à leur table les officiers supérieurs du bâtiment.

Les compagnies d'équipage de ligne ont pour capitaines des lieutenants de vaisseau ; pour lieutenants, des enseignes de vaisseau ; pour lieutenants en second, des élèves de première classe ; deux seconds maîtres de manœuvre, un de canonnage, un de timonerie ; huit quartiers-maîtres, dont quatre de manœuvre, deux de canonnage, un charpentier, un calfat ; cent marins en complètent le personnel à cent quinze hommes. Les officiers attachés à une compagnie pendant deux ou trois ans ne sont point pour cela dans un cadre spécial ; tous les officiers peuvent alternativement être appelés à en faire partie ; seulement, les capitaines et lieutenants embarquent lorsque arrive le tour de leur compagnie, tandis que les officiers isolés, nécessaires pour compléter l'état-major des bâtiments, embarquent à tour de rôle d'après une liste spéciale.

A bord des vaisseaux et des frégates, l'officier en second est réglementairement un capitaine de corvette, grade qui, par suite de divers remaniements, correspond à celui de chef de bataillon, tout en impliquant les épaulettes de lieutenant-colonel.

A bord des autres bâtiments, c'est un lieutenant de vaisseau ou un enseigne qui est chargé du détail ; les fonctions de ces officiers sont, sous les ordres du commandant, de veiller à l'organisation du personnel, à la tenue du matériel, à la police universelle du bord. Le *second* est l'homme le plus occupé du bâtiment ; les mille détails pratiques dont il est si facile de donner une indication en l'air viennent le préoccuper de leur impossible exécution. Toujours de sang-froid, il faut qu'il se démêle au milieu de la multitude de

PREMIER MAITRE.

paperasses, rôles, bons, reçus, consommations, dont il est le principal
inspecteur; il est distrait de sa comptabilité pour une manœuvre d'ancre,
un changement de mât, une réparation d'avaries; en même temps, il faut
qu'il s'occupe des travaux scientifiques des élèves de marine, de la discipline de tout le monde, et de faire agréer au commandant les opérations
qu'il croit devoir prescrire. Il faut beaucoup d'ordre, de tête et de connaissances pour être un bon second.

Le commandant domine tout le monde de sa position suprême et excep-
tionnelle; son pouvoir à bord est absolu. La voix du devoir et de l'honneur
lui dit seule les bornes que lui imposent les lois et les règlements, nul n'a
le droit de le lui rappeler que par des représentations respectueuses par
écrit, et seulement pour un fait personnel; nonobstant, il faut commencer
par lui obéir. C'est lui qui assure la bonne tenue du bâtiment par les instructions données à son second, dont il a su mesurer les forces. La route
que suit le bâtiment, la voilure qu'il porte, tout est le résultat de ses pres-
criptions. Dans les circonstances dangereuses, c'est sur lui que chacun se
repose. Au moment du combat, tout le monde a les yeux sur lui; son sang-
froid, son courage, son talent, répondent de la vie de beaucoup d'hommes
et de l'honneur du pavillon.

A notre époque, où toutes les carrières sont encombrées, il faut nécessairement un long stage dans chaque grade. Et cependant la marine est un art
si saisissant, que celui qui a du goût pour cette profession et de l'intelligence brûle d'expérimenter les études théoriques, les remarques pratiques,
la spontanéité qu'il sent en lui. Le moment où l'officier de marine est appelé à s'essayer sérieusement dans son art est chaque jour plus retardé.
N'ayant pas de forts à surprendre, de goulets à forcer, de flottes à poursuivre, d'escadres à combattre, les amiraux, tourmentés du besoin d'activité, emploient la verdeur d'un tempérament qui a résisté à tant d'épreuves
à régler le service de leurs inférieurs, à s'immiscer dans des détails secon-
daires, où ils apportent cependant la force de leur volonté. Obéissant à cette
passion, le commandant du bâtiment, un peu gêné dans l'exercice de son
autorité, s'en dédommage en consacrant tout son temps à la tenue, à la manœuvre de son vaisseau; le second n'est plus qu'un instrument aveugle;
l'officier de quart, un porte-voix. C'est surtout dans la navigation en escadre
que ce fait est le plus remarqué; certains commandants zélés et infatigables

ne quittent jamais le pont de leurs vaisseaux; pas une manœuvre ne
se fait que d'après leurs ordres. Le lieutenant de vaisseau chef de quart,
homme d'un âge mûr, souvent marin depuis plus de vingt-cinq ans,
est réduit à un rôle très-secondaire; l'enseigne de vaisseau, second de
quart, jouit d'une véritable sinécure, ou bien continue le métier d'élève,
qu'il a peut-être exercé sept ou huit ans. Découragés par cette nullité constante, les officiers perdent bientôt le feu sacré, et leur esprit, frappé d'a-
pathie, ne gagne peut-être pas en expérience et en routine ce qu'il perd en
vigueur et en spontanéité. N'a-t-on pas vu sous l'empire un aspirant de
première classe [1], sur un faible brick de seize caronades de 18, attaquer
intrépidement le brick anglais de vingt-deux pièces de 52, l'*Alacrity*, et
lui faire, par suite de ses habiles manœuvres, amener son pavillon après
deux heures de combat?

Ce n'est pas que nous voulions dire qu'il faut donner les commandements
aux plus jeunes, mais élargir autant que possible la sphère d'action de chacun, au lieu de tendre à la diminuer; entretenir l'activité, une ambition

---

[1] Le baron Armand de Mackau, aujourd'hui vice-amiral, etc.

SECOND MAITRE

louable ; attendre que les plus jeunes soient en défant pour venir dans le cirque, comme Entelle,

Montrer un bras connu qui combattit trente ans.

Sur les frégates et les bâtiments inférieurs, les épaulettes sont moins nombreuses ; le nombre de quarts est le même. Plus d'importance pour chacun : les enseignes sont chefs de quart, pareils aux lieutenants de vaisseau. Du reste, suivant le caractère du capitaine, la latitude laissée aux officiers de quart varie. Avec un commandant jeune et actif cependant, l'ordre écrit sur le journal de *faire*, pendant la nuit, *de la toile* suivant le temps suffisait ; depuis les cacatois jusqu'aux basses voiles, depuis le premier jusqu'au dernier ris des *huniers*, l'officier de quart pouvait tout mettre dehors, tout serrer, suivant son jugement ; de là des traversées rapides, pas un moment de perdu ; de là une active surveillance ! Sur qui se rejeter en cas d'une maladresse, peu présumable avec des officiers qui, depuis quinze ans, ne quittent pas la mer ? D'autres, au contraire, défendent aucun mouvement de voiles sans leur ordre ou leur permission. Vient-il un *grain*, une *rafale*, il faut carguer les voiles qui menacent, mais prévenir aussitôt, et ne jamais les remettre sans autorisation. L'officier ne gagne pas alors ce tact délicat, appréciable de la quantité de voiles qu'il faut porter, de celles qu'il est bon momentanément de supprimer ou de rétablir. Peu soucieux d'importuner le commandant pour obtenir, comme une faveur, la liberté de mettre telle ou telle voile, une fois réduit au minimum de tout, il attend en paix la fin de son quart. A bord du premier navire, on entendait les officiers entre eux parler avec enthousiasme de la fraîche brise, de la vitesse du bâtiment ; chacun citait les caprices, les tendances imprévues que le navire avait manifestés pendant son quart, la manière dont il les avait combattus, une observation nouvelle sur un effet de gouvernail en défiant le choc des lames, sur l'orientation des voiles auriques relativement aux carrées, et mille sujets analogues ; sur l'autre bâtiment, on racontait les bruits du bord, les discussions du commandant avec tel officier, les on dit de la cale et du gaillard d'avant. Appelé de bonne heure à manœuvrer à son gré, à commander même un navire, l'officier quelque peu capable le devient nécessairement davantage.

Dès que l'équipage d'un navire est à bord, le premier soin de l'officier en second, c'est de le répartir pour toutes les circonstances de la navigation. Le premier rôle à faire est le *rôle de combat*, c'est-à-dire la désignation du poste que chacun doit occuper pour concourir à la défense du vaisseau; c'est ce rôle qui sert de base à tous les autres, ainsi que nous le verrons plus tard.

Ce n'est pas une tâche facile que de discerner les aptitudes de tant d'hommes rassemblés de tous les points; aussi l'organisation par compagnies y supplée-t-elle. Les capitaines possèdent sur leurs hommes des renseignements précis. Grâce à de nombreuses répétitions, le rôle de combat devient bientôt familier, et, par d'habiles dispositions, on arrive maintenant à abréger singulièrement le temps nécessaire pour s'y préparer.

Au moment où nul ne s'y attend, les tambours, appelés sur le pont ou dans les batteries par l'ordre du commandant, battent la générale. Au premier son, de jour ou de nuit, la foule endormie ou tranquille s'anime avec la rapidité de la poudre. Les officiers s'élancent en armes sur le pont, dans les batteries; les matelots courent à leur poste. C'est tout d'abord une confusion extraordinaire, d'où sort en quelques minutes l'ordre le plus parfait.

Entre les plus agiles et les plus adroits matelots, on a choisi ceux dont le poste spécial de combat et de manœuvre sera dans la *hune*, l'ancienne *gabie*; on les nomme les *gabiers*.

C'est à eux que sont réservées les courses périlleuses dans le gréement, les ascensions sur des cordes minces et balancées, pour dégager une poulie,

MATELOT

(costume d'abordage).

faire parer une corde, réparer une avarie dans les parties élevées de la mâture. Dans les temps forcés, au milieu du fracas des tempêtes, lorsque le
navire trempe alternativement dans des lames furieuses les deux extrémités
de ses basses vergues, les gabiers travaillent soit à *dépasser* (descendre) le
mât élevé du perroquet, soit à prendre l'*empointure des ris*, assis à cheval à
la pointe des vergues, où ils se balancent en travaillant, pendant que le novice
s'accroche à tout ce qu'il rencontre et a peine à se tenir debout sur le pont.

Aussitôt que le signal du branle-bas de combat a été fait, que des cordes,
des *cartahus*, descendus de la hune, ont servi à y monter les *pierriers,* les
*espingoles*, les *mousquetons*, les *grenades,* les haches, les outils nécessaires
aux réparations du gréement; les gabiers placent de minces cordes en *ser-*
*penteau* d'un étai à l'autre, pour empêcher, s'ils sont coupés par un boulet,
leur chute funeste aux hommes du pont; les bras, les suspentes des vergues,
les manœuvres sont doublées partout. Tout se prépare pour le combat;
enfin, lorsqu'il est engagé, il faut que les gabiers, sans s'inquiéter des balles
qui sifflent autour d'eux, sans penser à l'écroulement probable de l'édifice
fragile sur lequel ils sont logés et dont les boulets sapent la base, réparent
les avaries sans cesse renaissantes, et, du haut de la hune, où on les ajuste
comme des oiseaux sur une branche, ripostent à l'ennemi.

Si l'on en vient à l'abordage, ils laissent à d'autres l'assaut du navire;
ils se glissent de cordage en cordage, pénètrent à bord de l'ennemi. Le
réseau du gréement devient le théâtre de leurs combats aériens; là, toute
blessure est suivie d'une chute mortelle, mais ils l'oublient et ne pensent
qu'à l'ennemi qu'il faut combattre, au pavillon qu'il faut honorer.

Dans les Antilles, un bâtiment français, dont l'équipage avait été décimé
par la fièvre jaune, allait être abordé par un anglais nouvellement arrivé
d'Europe; un seul grapin de fer, lancé dans son gréement, l'accroche à son
redoutable ennemi. Un gabier s'élance au milieu des balles le long de la
chaîne de fer qui tient au grapin, jusqu'au point où cette chaîne est con-
tinuée par une corde; il la coupe, et tombe avec le bout sur le bâtiment, où
il est brisé. Le navire, dégagé de l'étreinte de son antagoniste stupéfait,
parvient à échapper à sa poursuite. Que d'autres traits de courage, de témérité même ne pourrait-on pas citer!

Les gabiers de chaque hune ont pour chefs les *quartiers-maîtres* de manœuvre, et relèvent directement du maître d'équipage; dans le cours des

15

manœuvres générales, la hune est commandée par un élève de marine qui y fait l'apprentissage du commandement d'un navire ; comme tous les artistes à leur début, c'est aux étages les plus élevés qu'il accomplit ses premières œuvres.

Le maître d'équipage d'un vaisseau ou d'une frégate a le grade d'adjudant sous-officier ; ce doit être un marin consommé, le modèle et l'exemple de l'équipage. Il est chargé de tout ce qui tient au gréement, aux cordages du bâtiment ; les ancres, les câbles, les *bouées*, sorte de flotteurs que l'*orin* retient aux ancres pour en indiquer la place, les embarcations, sont de son domaine. Une avarie a-t-elle lieu, de jour ou de nuit, le maître doit commencer à y pourvoir sur-le-champ ; aussi a-t-il toujours quelque novice de son choix qui dégringole les échelles et vient l'avertir de tout événement dans la chambre qu'il occupe à l'avant du bâtiment. Le maître de manœuvre a navigué sous toutes les latitudes, dans tous les climats ; ce n'est pas à lui qu'aucun gabier peut en conter ; aussi, quand ils ne le détestent pas, les matelots ont pour lui une considération profonde ; il est généralement obéi très-respectueusement, et les méridionaux les plus turbulents ont toujours beaucoup de déférence pour *nostr' homme*, comme ils l'appellent.

Indépendamment des gabiers, un certain nombre d'hommes sont destinés pour la manœuvre des voiles pendant le combat ; c'est de ces hommes, souvent inactifs, que l'on compose la mousqueterie ordinaire ; un officier et les élèves qui leur sont attachés les commandent. Si l'on a besoin d'exécuter une manœuvre, ils jettent le fusil de côté, *hâlent* les cordes nécessaires et reprennent leur arme.

Les timoniers se tiennent près de la dunette, sur le gaillard d'arrière. Le premier maître de timonerie, sous les ordres de l'officier chargé du cinquième détail, donne aux seconds maîtres, aux quartiers-maîtres, aux matelots, aux novices, aux mousses de la timonerie, l'ordre de disposer la roue, les *drosses* de gouvernail de rechange. Une barre de gouvernail en fer est placée dans la batterie. Si l'on est en escadre, les pavillons pour les signaux sont tout prêts ; on a hissé le pavillon national à chaque mât ; c'est sous ce pavois que le vaisseau doit combattre. Au commencement de l'action, le *chef de timonerie*, ancien nom du premier maître, a fait retourner le sablier de quatre heures ; il prend la barre, et, assisté d'un de ses se-

conds, doit, à moins d'être interrompu par un boulet ou une balle, *gouver-*
*ner* pendant le combat.

Quelques matelots de la timonerie et de la manœuvre, avec un deuxième
maître et un élève de marine, sont à la garde du pavillon ; ils doivent
veiller à ce qu'il reste toujours flottant, et à ce que nul ne l'*amène* que
sur l'ordre exprès du capitaine. Le service des timoniers consiste à porter les ordres de peu d'importance ; à aller, au gré du commandant
ou d'un officier, appeler un de ses subordonnés quelconque ; s'informer
si telle opération, dans l'intérieur du bâtiment, est finie, etc. Pendant
le quart, à la mer, ils *piquent* (veillent) les heures, en préviennent
l'officier, inscrivent sur un journal les circonstances du quart ; en rade,
ils veillent les mouvements extérieurs, les signaux de l'amiral à tel ou tel
bâtiment ; en un mot, ils doivent avertir de tout ce qui se passe à leur vue.
Ils préviennent aussi de l'arrivée des canots ou autres embarcations, des
personnages qui les montent. Pour les officiers, deux hommes en haie et
le factionnaire les saluent, un coup de sifflet, honneur bizarre, annonce
leur apparition ; pour les commandants, la garde s'assemble avec ou sans
armes, suivant les grades ; pour l'amiral, nous verrons rendre à son pavillon des honneurs dont une partie revient à sa personne.

Les matelots timoniers sont choisis parmi les jeunes gens qui aspirent, après avoir accompli leurs trois ans de service, à naviguer comme officiers au commerce, et à passer l'examen de *capitaine au long cours :* nul ne peut commander un navire de commerce s'il n'a subi ces conditions. C'est une de ces belles institutions qui constatent l'organisation complète de notre pays, où toutes les précautions raisonnables sont prises pour la sécurité des biens et des personnes. Dans un besoin pressant, les capitaines au long cours peuvent être requis pour le service comme *enseignes auxiliaires;* mais, dans les circonstances ordinaires, le libre concours ouvert pour entrer dans la marine militaire rend inutile le recours à une catégorie spéciale.

L'avant du bâtiment, au moment du branle-bas de combat, est le poste de l'officier en second ; les gabiers de beaupré, qui n'ont pas de hune, des matelots de manœuvre et de mousqueterie, avec leurs chefs, se rangent autour de lui. Les caronades sont armées par trois servants, quel que soit leur calibre ; un officier dirige cette artillerie. Le commandant monte sur la dunette à bord d'un vaisseau, sur le banc de quart à bord d'une frégate ; un porte-voix, dont le pavillon est dans la batterie basse, vient, en traversant tous les ponts, présenter à ses côtés son embouchure, et lui sert à transmettre ses ordres si importants dans les batteries ; autour de lui se tiennent des élèves prêts à porter ses ordres, et le *capitaine d'armes.* Ce premier maître a la charge de toutes les armes de main : fusils, pistolets, haches, sabres, poignards ; c'est à lui de veiller à leur entretien, à la bonne disposition des gibernes, des cartouches. Il a sous ses ordres un sergent et deux caporaux d'armes qui l'assistent et le suppléent également dans la police du bord dont il est chargé. C'est le capitaine d'armes qui avertit le second des désordres qu'il a remarqués, qui tient registre des punitions ordonnées et qui en poursuit l'exécution.

De nos jours, comme la mansuétude des mœurs s'est communiquée à la discipline, les fonctions du capitaine d'armes sont infiniment difficiles : obligé de faire de l'autorité sans force, de s'exposer à des mutineries, quelquefois à des violences à peu près impunies, il lui faut une grande force morale pour ne pas devenir faible et mou ; c'est, du reste, le reproche perpétuel qu'on lui adresse, et qui tient plutôt aux habitudes générales qu'aux siennes propres. Les lois de la marine sont cependant d'une sévérité bien

moindre que celles de l'armée de terre, mais c'est un autre genre de peines,
et, depuis le progrès des idées, dans un certain sens, les peines corporelles,
les seules possibles à bord d'un vaisseau, sont considérées comme humi-
liantes, ce qui en aggrave la force, aussi les applique-t-on rarement. Cependant, quelquefois, le conseil de justice, formé des officiers chefs de quart,
présidés par le commandant, est obligé de sévir pour faire un exemple.
Voici comment le jugement se prononce.

Une table et des siéges sont installés en plein air sur le gaillard d'arrière ;
les officiers y prennent place en hausse-col et chapeau à cornes ; ils se
couvrent. La séance commence ; la garde amène le prévenu libre et sans
fers ; l'équipage se presse autour du tribunal ; le commandant l'interroge ;
les témoins prêtent serment et sont entendus. L'officier rapporteur établit
la cause. Rarement l'accusé se munit d'un défenseur. Ce n'est qu'à la dernière extrémité qu'on se décide à convoquer le conseil ; le délit est presque
toujours plus qu'évident. Après l'instruction de l'affaire, on fait retirer
l'auditoire ; le président pose les questions ; les officiers donnent leur avis

tour à tour en commençant par le plus jeune. La sentence prononcée porte généralement la condamnation à des coups de corde, vingt-quatre au plus, ou à la *cale*. S'il s'agit d'une pénalité plus grave, comme, par exemple, pour des voies de fait envers son supérieur, lesquelles sont punies de mort, le conseil doit se déclarer incompétent; mais il ne le fait pas toujours parce qu'alors la cause serait jugée par un conseil de guerre qui souvent, lorsque le crime entraîne une peine terrible, acquitte le prévenu.

La peine de la *cale* est tout à fait maritime : lorsqu'elle doit être infligée, un pavillon particulier, accompagné, *appuyé* d'un coup de canon, appelle à bord du bâtiment des détachements de tous les bâtiments français, même de ceux du commerce; lorsqu'ils sont nombreux, on fait ranger les embarcations en demi-cercle autour du navire. Un cordage bien *saucé*, un *cartahu*, nom générique de toute manœuvre sans destination marine, est passé dans une poulie au bout de la grande vergue; le condamné est appliqué au bout de ce cordage, ses pieds reposent sur un bâton et le cartahu est bridé à la ceinture et aux épaules; un boulet de trente leste les pieds du patient. Tous les préparatifs terminés, les équipages à leurs rangs, la garde sous les armes, les tambours ouvrent un ban, le greffier lit la sentence au nom du roi; puis, au signal donné, on hisse le condamné au bout de la grande vergue; dès qu'il y est arrivé, on lâche le cartahu, le patient plonge dans la mer avec une vitesse accélérée; à une certaine marque, ou même naturellement, le cordage s'arrête, et l'équipage réitère rapidement. Le maximum des coups de cale consécutifs est de trois; cette peine n'est pas de la même gravité pour tous les hommes : parmi les matelots, des gabiers, qui ont dix fois fait la même chute par accident, des nageurs, des plongeurs la regardent comme une plaisanterie qu'ils sont prêts à recommencer pour la bouteille de vin chaud, dont on s'empresse de réconforter le coupable lavé de sa faute, tandis qu'elle est réellement terrible pour quelques hommes, surtout ceux qui arrivent de l'intérieur. Il est vrai que ce n'est que très-rarement, et pour de très-graves et nombreux motifs qu'elle est appliquée. En Hollande, on a conservé l'habitude de jeter le patient d'un côté du vaisseau et de le ramener par l'autre, en le faisant ainsi passer sous la quille; coutume barbare, en ce que nul ne peut répondre que par un accident le patient ne soit accroché et noyé sous le bâtiment.

A l'exception des délits justiciables d'un conseil de justice ou de guerre,

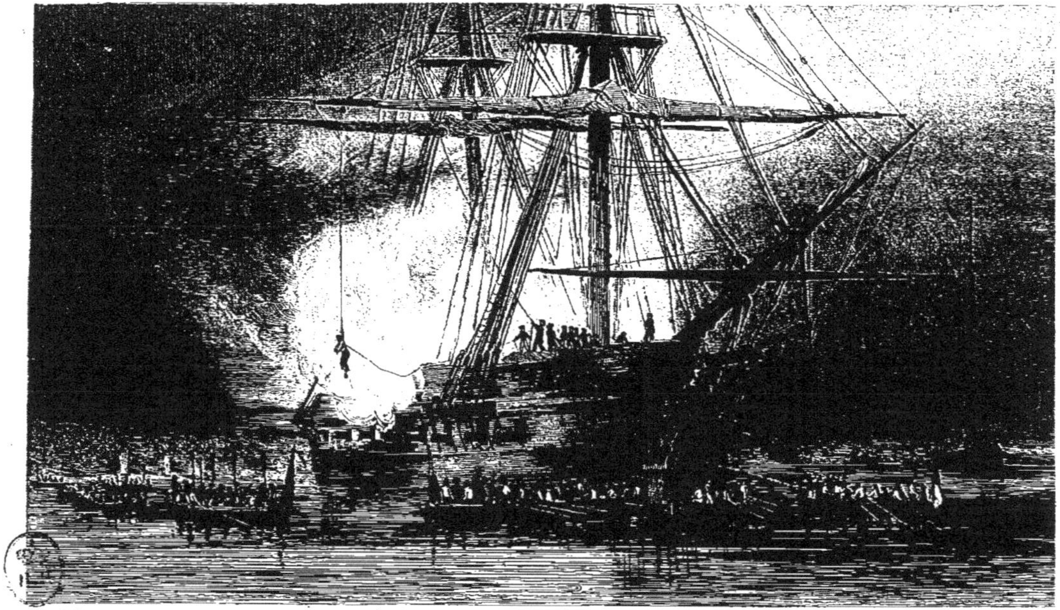

Morel Fatio del.

Guesnu sc.

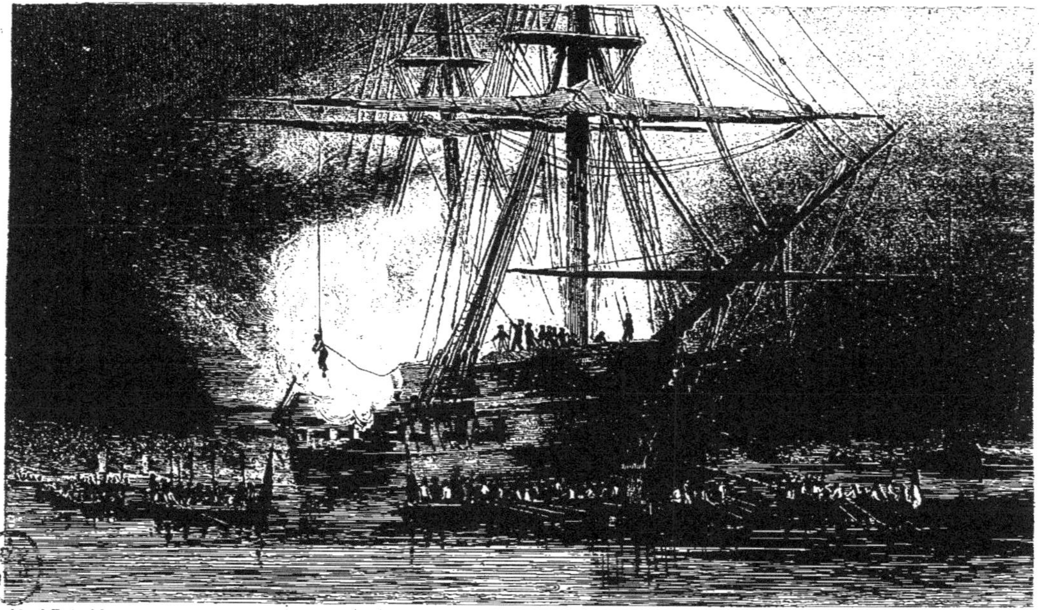

Morel Fatio del. Guesnu sc.

les fautes sont punies par le retranchement de la ration de vin pour trois jours au plus, ou par la détention aux fers pour le même temps : cette dernière peine consiste à passer les pieds de l'homme en punition dans deux larges anneaux que l'on enfile sur une tringle de fer, ce qui empêche le matelot de pouvoir se promener.

Cependant on a reconnu que c'était une duperie que de l'exempter de service, et que beaucoup de paresseux préféraient une nuit aux *fers* à un quart orageux. Aussi a-t-on soin de faire quitter les fers aux matelots qui sont de quart, sauf à les y reconduire plus tard. A bord de beaucoup de bâtiments, un tour de faction hors tour, une *vigie* de quelques heures dans la mâture est usitée au lieu de la punition illusoire des fers. La meilleure pénalité est une question encore plus difficile à résoudre en marine qu'ailleurs. L'incarcération est à peu près impossible; et d'ailleurs, comme on ne peut se priver des bras nécessaires pour le travail, elle serait trop fréquemment interrompue pour produire beaucoup d'effet. D'après un règlement consacré par l'Assemblée nationale, le capitaine d'armes, ses aides, tous les quartiers-maîtres et maîtres du bord, devaient être porteurs d'un *rotin pour accélérer les mouvements de l'équipage;* de nos jours, il est simplement armé d'un crayon et d'un registre pour noter les retardataires.

Le capitaine d'armes, pendant le jour comme pendant la nuit, doit faire des rondes fréquentes dans toutes les parties du bâtiment; il faut que les matelots soient habitués à le voir surgir tout à coup, et que cette crainte salutaire les empêche de se mettre en faute. Il s'assure chaque soir de l'extinction du feu des cuisines, de l'établissement des fanaux de service, de la vigilance des factionnaires. Lors du branle-bas de combat, après la distribution des armes, il s'occupe de celle des cartouches et des grenades, puis il reprend son poste sur le gaillard d'arrière, dont il dirige la mousqueterie.

Pendant que tous ces mouvements s'opéraient sur les ponts, les batteries inférieures, force principale du vaisseau, ne sont pas restées inactives. Les servants des pièces se sont empressés de les disposer pour le combat. Les palans de retraite, les bragues sont disposés pour un usage immédiat. Le plus ancien officier après le second commande la batterie basse ; deux autres officiers, des élèves, s'en partagent la surveillance. En même temps, les cloisons des appartements élégants de l'arrière, destinés au commandant ou à l'amiral, sont enlevées comme par magie ; les meubles disparaissent dans l'entre-pont ; les rideaux, les vitres dans lesquelles étaient enchâssés les canons des sabords qui éclairent l'appartement sont promptement retirés. A l'avant de la batterie haute, les cloisons qui formaient l'hôpital, ou poste des malades, sont supprimées également ; tous ceux qui ne sont pas absolument invalides courent à leur poste ; les autres sont transportés dans la partie inférieure du bâtiment.

Le *maître canonnier* veille à tous les détails du matériel ; il s'assure du bon état des écouvillons et refouloirs ; il examine si les boîtes à capsules de chaque chef de pièce en sont suffisamment garnies, et si le passage des poudres est prêt à fonctionner.

Les maîtres, en général, représentent toujours la pratique pure ; l'officier, la théorie de la pratique. Les fonctions du maître canonnier dans le cours de la navigation ont toujours rapport à sa profession ; il doit, aux heures prescrites, instruire les novices sur l'artillerie, s'assurer constamment de la bonne tenue de la batterie, du bon état de la soute aux poudres, de la conservation des artifices de toute espèce : *obus, grenades, fusées, chemises soufrées, flambeaux, flammes du Bengale, étoupilles,* dont il est responsable.

Les batteries sont disposées au combat, c'est aux canonniers maintenant à en faire bon usage. Après le choix de bons gabiers, le commandant en second a cherché dans l'équipage les hommes intelligents et déjà exercés au canon pour en faire les pointeurs ou chefs de pièce. Il en existe maintenant une fertile pépinière, c'est la frégate d'instruction où, pendant une année, cinq cents matelots sont exercés sans relâche à toutes les manœuvres possibles des bouches à feu, au tir à la mer et sous voiles. La sage dose de théorie qu'on mêle à leur pratique perfectionnée en fait depuis quelques années les meilleurs artilleurs de mer : c'est à la présence dans son escadre de deux séries de ces canonniers que l'amiral Lalande devait en partie son incontestable supériorité sur les Anglais, reconnue par ces derniers eux-mêmes.

Le reste des équipages des pièces est complété par le même principe. Après les chefs on choisit les premiers servants ; celui de droite, le chargeur ; celui de gauche, le fournisseur, et ainsi de suite, jusqu'au cinquième de chaque côté. L'équipage de pièces de 30 est ainsi de onze hommes, en comptant le chef de pièce, plus le pourvoyeur, novice ou mousse ; celui-ci est uniquement chargé de fournir les munitions pendant le combat ; porteur d'un étui en cuir, le *gargoussier*, il se rend à l'écoutille de la soute aux poudres. De petits panneaux étroits, percés dans le pont, donnent passage d'un côté aux *gargoussiers* vides que l'on renvoie dans la soute au moyen d'un conduit de toile, et de l'autre aux *gargoussiers* pleins, c'est-à-dire renfermant le sac de poudre, ou *gargousse*, qui forme une charge de canon.

Les individus chargés du passage des poudres sont, à l'exception d'un second maître canonnier, les non-combattants. Le *commis d'administration*, comptable principal du navire, et qui a rang d'officier, enregistre la consommation des poudres ; les agents des vivres, les *cambusiers*, sous la direction de leurs chefs directs ; le *commis aux vivres*, jadis le *maître-valet*, sont employés aux transports des munitions de guerre ; ils sont plus empressés à les délivrer complètes dans ce moment que celles de bouche dans les temps ordinaires. En effet, lorsqu'il s'agit de distribuer les rations, il faut toute la surveillance de la *commission* pour empêcher leurs petites fraudes. Cette commission, qui assiste à toutes les distributions de vivres, se compose d'un élève, d'un quartier-maître et d'un matelot ; les cambusiers ont plusieurs moyens de lutter contre leur vigilance. La chaleur extrême de la cambuse, l'odeur des comestibles qui fermentent dans un espace si étroit, inspire à la commission un vif désir de voir terminer son service ; en outre, le local est peu éclairé, et, pour saisir la *moque*, ou mesure d'étain qui renferme la ration de sept hommes, le cambusier manque rarement d'y introduire le pouce tout entier, ce qui diminue d'autant le liquide. Pour *faire la ration de vin*, le tonnelier est celui des agents des vivres qui assiste ordinairement le second

16

commis; il commence, avant tout, par remplir un baquet ou baille, et y plonger ses mesures au lieu de les remplir simplement au robinet; quand le fond de la baille approche, il en racle le fond avec sa mesure; le bruit rauque du broc qui frotte et emporte des fibres du bois est d'un funeste symptôme pour la limpidité de la boisson.

Le personnel du passage des poudres est complété par le magasinier, les cuisiniers et les domestiques.

Une précaution des plus nécessaires au moment du combat est de préparer les pompes destinées à épuiser l'eau du navire bientôt troué, sans doute, et les pompes à incendie; c'est le détail du *maître calfat*; au premier coup de baguette de la générale, il descend dans l'*arche-aux-pompes* dont il est le gnome; il y fait prendre par ses aides l'étoupe filée, les plaques de plomb, les burins, ou gros bouchons de bois, étoupés et suiffés, qui serviront à boucher les trous de boulets voisins de la *flottaison;* pour les mettre en place, les calfats sont munis d'une double sangle, au moyen de laquelle ils se suspendent en dehors.

N'est-ce pas un spectacle admirable que celui de ces hommes qui s'occupent d'un obscur métier sous le feu le plus terrible, sans espoir de secours s'ils tombent blessés à la mer, et qui contribuent peut-être au succès d'un combat naval sans qu'on pense à leur en accorder la moindre parcelle de gloire ! Quand le navire fait tant d'eau, que les pompes ne peuvent plus l'étancher, le calfat doit, sous peine de la vie, n'en rendre compte qu'à voix basse au commandant seul.

Au milieu du navire, au grand panneau, s'opère le passage des boulets que l'on monte incessamment de la cale pour remplacer ceux que consomme l'œuvre de destruction. Le *contre-maître* de la cale et les *caliers* abandonnent pour l'instant leur séjour sous-marin et se risquent jusque dans les batteries ; leurs bras robustes ont-ils remplacé les projectiles consommés, il leur faut au même instant envoyer sur le pont une pièce de filin, un objet pour réparer une avarie, et, dans un moment plus affreux, alors que le combat rapproché fait de nombreuses victimes, il leur faut aider les matelots infirmiers pour le transport des blessés.

C'est dans l'intérieur de la cale à eau, entre les piles de cordages, qu'est établie l'ambulance, le *théâtre* du chirurgien. Nous glisserons rapidement sur le détail peu gracieux de ces préparatifs techniques : l'aspect de tant d'instruments de torture inspirerait des réflexions philosophiques, et ce n'est pas le moment d'en faire quand on est en branle-bas de combat ; disons, toutefois, que la marine peut s'honorer du corps médical qu'elle possède. Dans les épidémies, dans les maladies graves, on trouve toujours chez les chirurgiens de vaisseau un dévouement et une habileté incontestables ; bien plus, dans les pays lointains, philanthropes véritables, ils sacrifient leurs loisirs à étudier l'état sanitaire du pays, à traiter les habitants, et se font gloire de n'accepter de leurs soins aucune rémunération

Le maître charpentier, ainsi que le maître calfat, fait des rondes pendant l'action dans l'entre-pont, dans les courelles de cale, et quand la pompe accuse une voie d'eau, il est aux aguets pour la découvrir. Les seconds remplissent souvent la charge de surveiller le transport des blessés et de garder les panneaux, d'empêcher quelque cœur timide de songer au milieu du combat à chercher dans les profondeurs du navire un abri contre le danger.

Depuis l'instant où la générale se fait entendre jusqu'au moment où chacun à son poste est prêt à concourir de tous ses moyens au drame sanglant qui va se jouer, il a dû s'écouler dix minutes à peine. De nombreux exercices peuvent seuls amener une rapidité pareille ; aussi la valeur matérielle d'un bâtiment de guerre bien organisé est-elle décuplée de celle qu'il avait en sortant du port.

Le commandant, accompagné du second, fait une ronde à tous les postes, et trouve quelquefois une énergique harangue pour son équipage. « Mes amis, tirez en plein bois, disait le capitaine Ch. Baudin à ses canonniers, les Anglais n'aiment pas qu'on les tue. » Cette plaisanterie, faite pour plaire à des matelots français, est d'ailleurs littéralement vraie : les Anglais craignent beaucoup moins le tir à démâter, parce qu'à l'aide d'excellents matelots ils réparent aisément les avaries qu'il occasionne.

Dans la dernière guerre, les Anglais, peu habitués à trouver un rival redoutable, se regardaient en général beaucoup plus tôt comme battus que les Français après des pertes doubles; cependant, il est arrivé quelquefois le contraire. Ainsi, lorsque le capitaine Bouvet *amarina*, captura, après quatre heures de combat, la frégate *l'Africaine*, il trouva ses gaillards jonchés de cadavres mutilés; cette frégate venait d'appareiller de Bourbon, alors au pouvoir des Anglais; elle avait reçu à son bord une compagnie de soldats de marine en supplément, ainsi que beaucoup de curieux qui voulaient assister à la prise d'une frégate française. Un des volontaires, deux soldats et soixante matelots restaient seuls valides, d'un équipage de près de cinq cents hommes. *L'Iphigénia* (c'était le nom d'une prise anglaise que montait Bouvet) avait eu, sur environ trois cents marins, soixante-dix hommes hors de combat. Cette malheureuse *Africaine* semblait destinée à être souvent le théâtre de boucheries semblables : lorsqu'elle avait été prise sur les Français, elle sortait du port, et était encombrée de troupes passagères; elle ne s'était rendue qu'après quinze heures de combat, et n'ayant plus un seul marin en état de combattre.

D'après le rôle de combat dont nous venons d'indiquer rapidement le cadre général, on établit le rôle de *plats*, le rôle de *quart* et de *couchage*, le rôle d'*embarcations* et plusieurs rôles de *manœuvres*. Les hommes employés à des fonctions semblables sont réunis par groupes de sept ou de neuf pour former un *plat*; il y a donc des plats de *quartiers-maîtres*, de *gabiers*, de *chefs de pièces*, de *servants*, de *timoniers*, etc. Chacun des plats principaux est ordinairement augmenté d'un *mousse* qui le sert. Le matériel de table se compose d'un bidon de bois de châtaignier aux cercles brillants, d'une gamelle de grande dimension et d'un gamelot; l'un sert à contenir le vin, l'autre la soupe, et le dernier la viande salée. Chaque plat est muni en outre d'un *quart*, mesure de fer-blanc, et d'une brochette marquée de son chiffre

sur laquelle on enfile et on attache la viande salée avant de la porter à la
chaudière commune, où il serait impossible autrement de reconnaître les
rations.

Le rôle de quart se fait d'une manière très-simple : les équipages des
pièces *impaires* formeront, par exemple, le quart de *tribord*; ceux des pièces
*paires*, le quart de *bâbord*; les gabiers, les timoniers, seront divisés également entre ces deux *bordées*. On opère ensuite dans chaque bordée deux
divisions : la division de l'avant et celle de l'arrière. Les hommes du quart
de tribord, les *tribordais*, sont désignés par des numéros impairs; les *bâ-
bordais*, par des numéros pairs. On tâche, autant que possible, que les
deux hommes dont le numéro se suit aient des fonctions équivalentes. Le
numéro de l'homme est inscrit sur son hamac. La mauvaise installation des
navires ne permettait autrefois de suspendre chaque soir que la moitié des
hamacs, de façon que l'homme qui quittait le quart venait se coucher dans
le hamac de celui qui l'avait remplacé; ceux qui partageaient la même
couche se disaient *matelots* l'un de l'autre. Chaque marin poussait au dernier point le dévouement pour son *matelot*, et, de nos jours encore, ce terme
est le plus amical qu'ils emploient entre eux. « Bonjour, matelot, » c'est
un salut amical qui n'a pas d'équivalent exact dans la langue. De nos jours,

tous les hamacs peuvent être placés dans les batteries et entre-ponts, quoique, à la mer, la moitié seulement soit occupée à la fois. Pour le rôle d'embarcation, il suffit de désigner, suivant la grandeur du vaisseau, les deux
*plats*, l'un de *chefs de pièces*, l'autre de *gabiers* qui doivent armer la *chaloupe*, lourde embarcation qui sert souvent à lever les ancres, et qui, lorsqu'elle est armée en guerre pour un débarquement ou un combat, porte
un canon-obusier et une caronade de 30, l'un à l'avant et l'autre à l'arrière. Deux plats de servants de pièces fournissent l'équipage du grand
canon, et ainsi de suite pour les sept ou huit autres embarcations, *moyens
canots, canots-majors, canot du commandant* et *yoles*.

Les rôles de manœuvres découlent naturellement de ceux de combat et
de quart ; ainsi, par exemple, la division de *tribord derrière* est destinée à
manœuvrer les voiles, vergues, cordes de tribord derrière ; telles pièces
serviront les basses voiles ; telles autres, les huniers. Les hommes qui
servent une voile sont également chargés de l'établir, de l'orienter ou de la
carguer. Les chefs de pièces surveillent leurs hommes, et, en général,
sont chargés de *larguer*, lâcher, les manœuvres dont l'action est opposée à
celle que produisent, dans le moment, leurs servants ; ainsi, quand on
*cargue* une *basse voile*, le chef de la pièce qui *pèse*, qui tire, la cargue-point
est chargé de larguer l'*écoute* ou l'*amure* qui retient ce point tendu.

Lorsque l'équipage est habitué au vaisseau, que chaque homme connaît
son poste dans toutes les circonstances, c'est alors véritablement un spectacle digne d'admiration : les coups de sifflet convenus, les batteries de
tambour sont suivis immédiatement et sans trouble du mouvement qu'ils
prescrivent. Qu'il se présente un danger imprévu, en un instant les ressources combinées du personnel et du matériel sont employées de la manière
la plus utile pour le prévenir ; alors le vaisseau est bien réellement une citadelle flottante. Qu'on arbore le pavillon, et si l'équipage ne peut le faire
triompher, il saura du moins honorablement le protéger et le défendre.

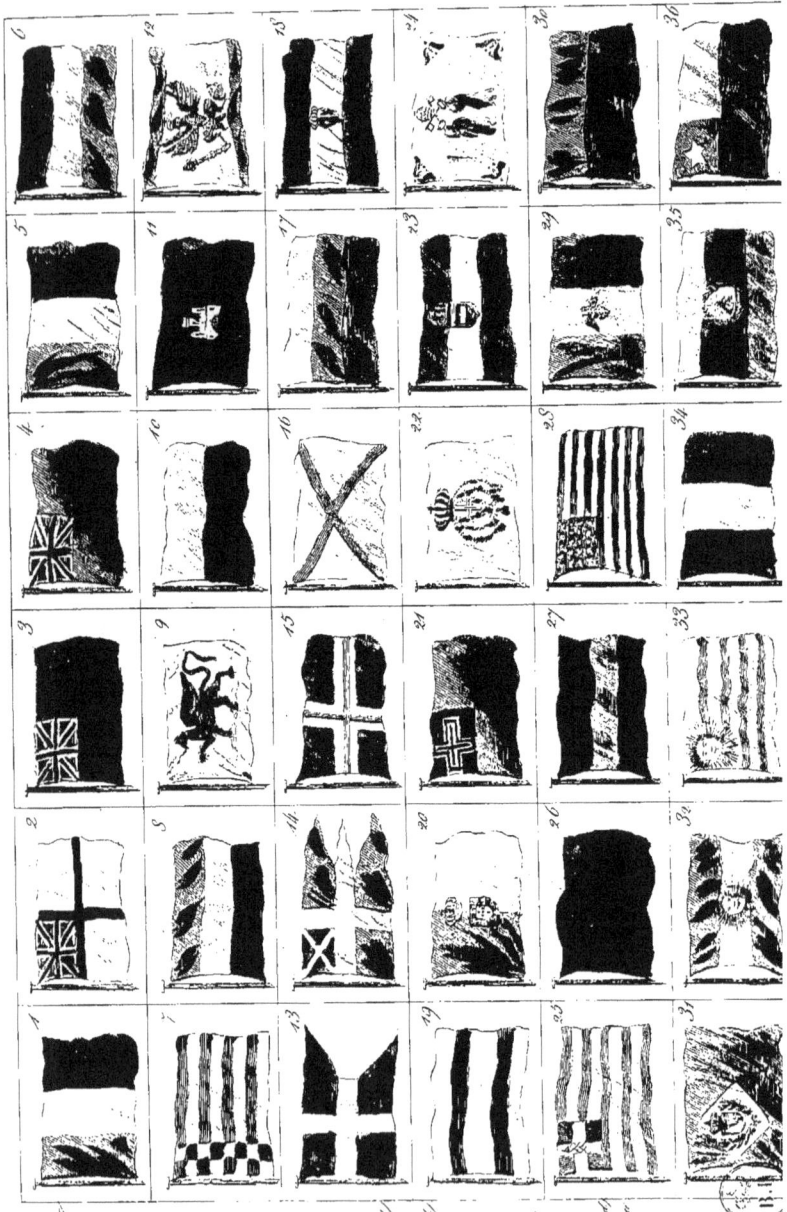

# LES PAVILLONS.

Le navire, entièrement préparé, a reçu son équipage; les matelots ont animé son bord. Le commandant a pris possession de son vaisseau; les officiers sont prêts à recevoir et faire exécuter ses ordres. Mais cette grande machine de guerre n'est point appelée à voguer sur les mers à l'aventure; elle doit concourir, avec celles qu'arment aussi les enfants de la même patrie, à sa puissance et à sa gloire. Un signe commun sera le symbole auquel tous les yeux, tous les cœurs doivent se rallier ; ce signe sera le pavillon.

Le mot de pavillon, synonyme de drapeau, d'étendard, de bannière, est aussi employé par les marins pour indiquer les signes de convention qui peuvent suppléer en partie à l'impossibilité de communiquer par la voix de navire à navire. Il faut donc distinguer les pavillons de nation et les pavillons de signaux : les uns n'ont d'autre valeur qu'une expression conventionnelle; les autres sont les emblèmes de la puissance et de l'honneur d'un peuple entier; ceux-ci représentent des mots, les autres une idée vivante. Les nuances entièrement arbitraires des pavillons de signaux varient suivant les caprices des ordonnances; les pavillons de nation ont une autre durée : le sang des révolutions ou la poudre des batailles en peuvent seuls changer la couleur.

Les monuments des âges les plus reculés montrent les pavillons flottants sur les vaisseaux de guerre. Sur l'obélisque de Thèbes, une bannière bleue, rouge et blanche décore les vaisseaux de Rhamzès. La flotte de Marc-Antoine portait les couleurs de la belle Cléopâtre. Les légionnaires d'Octave avaient planté leur aigle sur ses vaisseaux. Les Danois pavoisaient leurs drakkars d'enseignes où était figuré un dragon ailé; et les Normands paraient leurs nefs d'étendards chargés du blason des seigneurs qui les montaient. En 1066, le vaisseau que montait Guillaume le Conquérant, lors de son passage en Angleterre, portait au sommet du mât une bannière envoyée par le pape; sur ses voiles de diverses couleurs étaient peints les trois lions, enseigne de la Normandie.

Les Sarrasins et les Grecs pâlirent plus d'une fois à la vue du lion ailé de Saint-Marc, et l'étendard blanc à croix rouge des Génois souvent porta la marque de ses ongles sanglants. Saint Louis, se rendant en Palestine, arborait sur *la Mont-Joie* l'oriflamme qu'il avait déployée pour entraîner les grands vassaux à sa suite. Cependant la nation, la royauté même n'était pas encore une puissante unité : les seigneurs, les communes des ports de mer arboraient sur leurs navires leurs bannières respectives, et les vaisseaux de la même nation n'étaient pas réunis sous un signe commun. Les rois même mettaient sur leurs vaisseaux des étendards à leurs couleurs, parfois à celles de leurs dames. Au commencement du règne de Charles VI, en 1386, on prépara en France une expédition immense contre l'Angleterre. Douze cent quatre-vingt-sept navires, rassemblés sur la côte de Flandre, devaient transporter de l'autre côté de la Manche le ban et l'arrière-ban de la chevalerie française ; les communes, les seigneurs avaient contribué de tout leur pouvoir à cette grande entreprise. Jamais aussi belle flotte n'avait paru dans la chrétienté ; on ne voyait que peintures et dorures sur les voiles et les mâts ; le duc de Bourgogne surtout s'était distingué dans l'équipement de son navire : il était peint extérieurement en azur et or ; on y voyait les cinq bannières de Bourgogne, Flandre, Artois, Rethel et de la Comté ; quatre pavillons de mer, à fond d'azur et à queue blanche, portaient, brodée en or, la devise du duc, entourée de marguerites. Cette devise était : « IL ME TARDE. » Le duc de Berry, qui en avait une toute différente, par son incroyable légèreté, d'autres disent par trahison, fit avorter ces préparatifs, qui ruinèrent le royaume. Sous Henri II, les bâtiments du roi de France portaient un pavillon aux trois couleurs : bleu, rouge et blanc, comme sa livrée. Enfin, après les crises de la Ligue et la lutte victorieuse de Richelieu contre les grands vassaux, la monarchie française devint bientôt réellement l'apanage d'une famille souveraine, et le panache blanc du Béarnais fut l'emblème de la royauté. Le pavillon blanc fut le seul que purent arborer les vaisseaux de guerre. L'unité gouvernementale se traduisit ainsi par l'unité de drapeau. Mais, à raison même de la haute aristocratie de la royauté héréditaire, il fut défendu aux navires du commerce d'arborer l'insigne de la famille régnante; le pavillon bleu à croix blanche fut dévolu à la marine marchande qui continua en outre à se parer des armoiries des seigneurs ou des communes des ports de commerce à qui l'armement appartenait.

Le pavillon royal, celui qu'on n'arborait que lorsqu'un prince du sang ou le roi même se trouvait à bord, était blanc, chargé des armes de France, entouré des cordons de Saint-Michel et du Saint-Esprit. L'étendard des galères était blanc, sauf celui de la galère réale, dont le fond rouge était chargé du même écusson que le pavillon royal.

Avec les galères, disparut leur étendard, qui est maintenant celui de la famille des Bourbons de Naples. Enfin, la révolution française substitua au pavillon blanc le drapeau tricolore; celui-ci, devenu l'emblème de la nation, fut celui de toute la marine, et maintenant les bâtiments de guerre ne sont distingués des navires marchands que par une mince banderolle, appelée *flamme*, qu'ils portent à la tête du grand mât.

Les autres nations se sont beaucoup rapprochées de cette unité, mais aucune, excepté la Hollande et la Belgique, n'y est arrivée. L'Angleterre distingue ses trois escadres par des pavillons différents; le *yacht* seul, placé dans le quartier supérieur, est commun à tous.

Pour être distingué dans une escadre, le vaisseau monté par l'amiral de France porte un pavillon carré, aux couleurs nationales, à la tête du grand mât; celui que monte un vice-amiral en déploie un pareil en tête du mât de misaine, et le contre-amiral porte le même insigne au mât d'artimon. Si

17

des officiers généraux du même grade se trouvent dans la même escadre, ils portent écrit sur leur pavillon le numéro qu'ils ont dans la liste d'ancienneté.

Le capitaine de vaisseau qui commande une réunion de bâtiments, une division, porte au grand mât un *guidon* aux couleurs nationales; c'est un pavillon à deux pointes, comme la banderolle des lanciers.

Le capitaine de corvette qui se trouve le plus ancien sur une rade ou chargé d'un commandement de station, comme celle de Terre-Neuve ou du Sénégal, porte au grand mât une *cornette*; c'est un guidon dont la *gaîne* et toute la surface sont placées horizontalement; aussi la cornette se voit-elle très-peu.

Le lieutenant de vaisseau porterait la même cornette au mât de misaine, mais il est extrêmement rare que des officiers inférieurs aient aussi le commandement d'une station.

Les marins anglais et américains qualifient de *commodore* tout officier, non amiral, qui commande une réunion de navires; cette appellation générale nous manque en français. Ces mêmes officiers, lorsqu'ils ne commandent pas en chef, ne portent que la flamme distinctive des bâtiments de l'État. Les canots portent à l'avant, sur un bâton de pavillon, la marque distinctive de la personne qui se trouve à leur bord. Le pavillon du canot des amiraux est timbré de deux, trois ou cinq étoiles, suivant leur grade; les capitaines de vaisseau portent un pavillon sur la poupe de leur embarcation; les capitaines de corvette commandants doivent en attacher la queue, et les lieutenants de vaisseau commandants d'un bâtiment n'ont le droit que de le porter roulé autour de son bâton.

Lorsqu'un amiral prend le commandement d'une escadre, le vaisseau qui lui est destiné est disposé et conduit en rade. Suivi de son état-major, l'amiral fait son entrée dans l'arsenal. Un régiment sous les armes, musique en tête, est rangé en haie sur le quai où l'attend son canot, qui porte un pavillon à la poupe, et un autre dont le bleu est constellé d'étoiles blanches, à sa proue. Tous les canotiers en uniforme tiennent les avirons *mâtés*, c'est-à-dire debout, la *pale* en l'air. Au son des fanfares, l'amiral s'embarque avec sa suite. Le patron commande au sifflet. Le canot est débordé au large; tous les avirons tombent à la fois. Vingt bras vigoureux font voler la brillante embarcation. Au moment où elle quitte le port, le canon d'une des

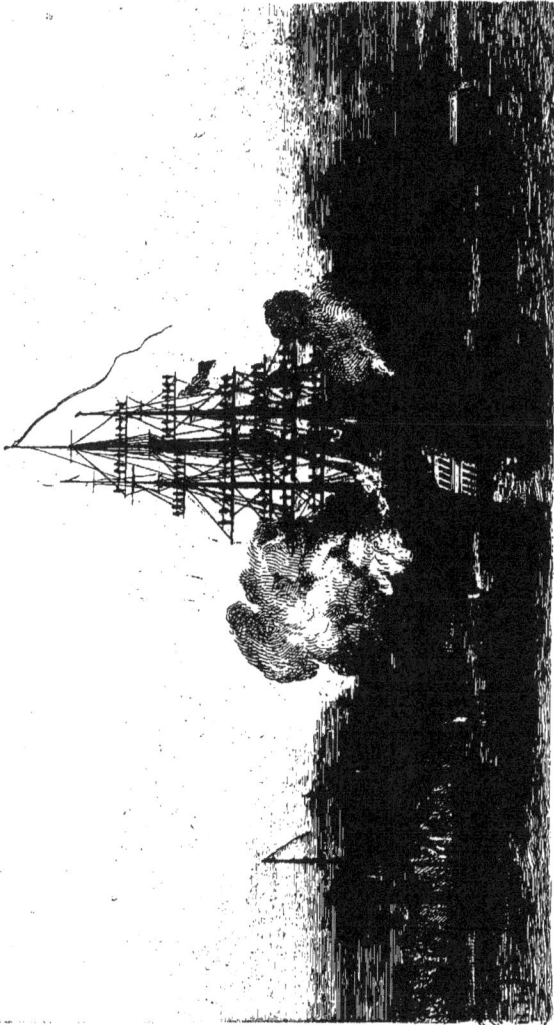

batteries la salue. Le canot vole, il accoste le vaisseau, l'amiral monte ; alors, sur tous les bâtiments de sa division, les vergues se couvrent de matelots ; tous debout, les bras étendus sur la mince corde roidie qui leur sert de garde-corps, font retentir l'air de cris cadencés de : *Vive le roi !* et le pavillon d'amiral monte au sommet du mât, au milieu de la fumée des canons du vaisseau qui le saluent.

Sur nos monuments, dans nos rades, sur nos forts, le drapeau national n'est presque qu'un ornement ; mais qu'il traverse les mers, qu'il aille se mêler à ceux de vingt nations diverses, sa carrière militante commence ; alors que ceux à qui appartient la glorieuse mission d'en répondre veillent attentivement sur lui ; ses couleurs, qu'on laissait négligemment se ternir sous le ciel natal, il faut les conserver brillantes et intactes. Ce drapeau, à l'ombre duquel on se reposait impunément dans la patrie, il faut l'entourer, le défendre avec énergie. Il est permis à ceux qui ne connaissent l'étranger que de nom, de compter sur les progrès de la philanthropie ; mais pour ceux qui sont en contact avec lui, la défiance et la circonspection la plus attentive doivent les mettre sans cesse sur leurs gardes. Les plus généreux instincts d'humanité, que le sentiment français est si disposé à écouter, pourraient passer pour de la faiblesse, et il n'est pas permis d'en être seulement soupçonné quand il s'agit de l'honneur du pavillon. Ce palladium des bâtiments de guerre est consacré par les respects dont on l'y environne. Sur rade, après la diane matinale, retentissant dans ces citadelles flottantes, pour éveiller les équipages, dès qu'ils ont terminé ces travaux de propreté qui ornent le bord de ce luxe si cher aux marins, quand les canons brillants se mirent dans les affûts noircis, que les matelots ont revêtu leur tenue pittoresque, on se prépare à hisser le pavillon.

Au moment où il monte le long de la drisse qui doit le fixer à la corne de brigantine, au-dessus de l'arrière du bâtiment, des coups de fusil le saluent, la garde présente les armes, le tambour bat aux champs, les clairons sonnent ; tous les fronts se découvrent... Il plane tout le jour au-dessus de la poupe, et les mêmes honneurs l'accompagnent le soir lorsqu'il descend majestueusement au coucher du soleil.

Quand le bâtiment est à la mer, isolé du reste du monde, il est inutile de déployer le pavillon ; mais qu'un point blanc paraisse à l'horizon, l'œil exercé du marin l'interroge avec persévérance pour le reconnaître : c'est un navire ! S'il passe dans les mêmes eaux, une question grave s'élève : s'il est le plus fort, il faut se garder d'une hâte intempestive à arborer ses couleurs : il pourrait dédaigner cette politesse précipitée et n'y pas répondre ; s'il paraît moins fort, ou d'une supériorité contestable, on déploie le pavillon, on tient prêt un coup de canon à poudre pour servir de *semonce*, et des boulets le suivront si le bâtiment étranger refuse de faire connaître sa nationalité. Un coup de canon, même à poudre, *assure* le pavillon. Tant qu'aucun coup de feu n'a été tiré à bord d'un navire, rien ne certifie qu'il ne porte pas de fausses *couleurs* ; mais on se rendrait coupable du crime de piraterie en *assurant* un autre pavillon que celui du gouvernement dont on est commissionné. Lorsqu'un bâtiment de commerce rencontre à la mer un vaisseau de l'État, s'il en passe très-près, il salue en abaissant trois fois son pavillon ; le bâtiment de guerre ne rend point la politesse de la même manière : son pavillon, emblème de la nation, doit rester fixe, et il ne répond au salut qu'avec la banderolle, appelée *flamme*, qui flotte à la tête de son grand mât. Les marins du Nord saluent les bâtiments de guerre en amenant trois fois les voiles les plus élevées.

Ce mode de civilité maritime remonte à une époque déjà éloignée :
sur les bords de la Seine, un des droits féodaux du château de la Meil-
leraie obligeait les navires qui allaient à Rouen d'amener toutes leurs
voiles en passant devant ses tours. Le même privilége était attaché à
une seigneurie située sur le bord de la Garonne, et qui en a pris le
nom de *Beyche-velle* (baisse voile). La révolution a emporté ces droits
honorifiques avec d'autres plus réels; mais comme jusqu'à cette époque
les bâtiments marchands ne pouvaient porter le pavillon de l'État, les
honneurs qu'ils étaient obligés de rendre avaient peu de conséquence.
La plupart des gouvernements ont maintenu cette différence du pavillon
marchand au pavillon de guerre, qui n'était pas sans quelque avantage.
Nous sommes portés à considérer cette mesure comme salutaire; elle ne
livrait pas à des particuliers occupés surtout de leur négoce le symbole de
l'existence nationale; elle évitait sans honte des occasions de conflits com-
promettants que la généreuse ardeur de plusieurs capitaines du commerce
a pu amener, mais elle constituait une sorte de privilége, et les armateurs
n'ont pas été moins charmés de profiter, dans les premiers moments, de

la confiance qu'inspirait le pavillon du roi, que les capitaines marchands d'arborer les couleurs jusque-là réservées aux vaisseaux de guerre.

Ce ne sont pas toujours des honneurs pacifiques qui attendent le pavillon. Non contents de disputer les abords des provinces et des villes, les peuples combattent aussi pour la grande route de l'Océan. Tout est chemin sur la plaine liquide; aussi, ce n'est point à couper l'ennemi de sa base, à l'isoler de ses ressources, à le jeter dans des voies impraticables pour son artillerie et ses convois, que l'on s'efforce dans la guerre maritime; c'est à le détruire matériellement, à le contraindre à demander quartier, à *amener* son pavillon! Au moment où deux navires ennemis se sont aperçus, ils ont arboré leurs couleurs en signe de défi. Qui s'avouera vaincu? Qui le premier va demander grâce? Moment terrible, où l'homme, concentré dans une seule idée, n'est plus un être de chair et d'os, sensible à la douleur, mais une pensée âpre et inflexible; au milieu des éclats de l'artillerie, du fracas des bordages déchirés, des cris des mourants, elle subsiste ferme et invariable. Parfois, au milieu de cet ouragan de fer, le pavillon disparaît emporté; l'ennemi le croit amené! « Des pavillons! des pavillons! qu'on en couvre mon vaisseau! » s'écrie un marin célèbre, le bailli de Suffren. Cependant, les pertes augmentent : les affûts sont brisés; les mâts, rompus; l'équipage, détruit; tant que le pavillon flottera, n'y eût-il plus un bras pour le défendre, l'ennemi l'honorera de son feu, et l'accompagnera de ses boulets jusque dans l'abîme; mais quand l'honneur est sauf, qu'on ne peut rendre à l'ennemi aucun des coups qu'il porte, faut-il sacrifier de misérables restes? Alors, d'une voix sourde, d'une voix que l'on comprend en entendant à peine, l'ordre est donné de l'amener, ce pavillon en lambeaux. *O shame! O shame!* O honte! s'écriait le commodore Corbett, mutilé et expirant, en voyant amener le pavillon de sa frégate *l'Africaine* devant *l'Iphigénie* et le brave Bouvet. Puis, l'enseigne victorieuse remonte au-dessus de celle des vaincus.

Le pavillon partage le malheur, la gloire ou l'affront de ses défen-
seurs. Quelquefois, l'amour de la patrie, l'exaltation de l'enthousiasme
a porté des capitaines à faire clouer leur pavillon pour bien persuader
à leur équipage qu'il fallait vaincre ou mourir. Un caractère froid et
résolu sera toujours sobre de ces manifestations extérieures de sa volonté.
Le lieutenant de vaisseau Linois, depuis vice-amiral, et vainqueur au combat d'Algésiras, commandait, au commencement de la révolution, la frégate
*l'Atalante*; chassé par un vaisseau anglais, il dut engager le combat contre
cet adversaire bien supérieur. Quelques instants avant, une députation de
gabiers vint lui demander de clouer le pavillon; Linois s'y refusa. Malgré
sa défense, la subordination n'était pas la vertu de l'époque, il entendit
bientôt le bruit du marteau qui fixait le pavillon à la corne; il laissa faire. Le
combat fut bientôt engagé. *L'Atalante*, écrasée, ne répondait plus qu'à peine
aux volées bien nourries dont son adversaire saluait l'immobile pavillon;
enfin, un de ceux qui l'avaient fixé sans ordre se risqua à l'aller déclouer,
mais, au moment où il allait le faire, il vit se diriger vers lui le canon d'un
fusil que le capitaine Linois venait de saisir; aussi, se hâta-t-il de rentrer

dans sa hune. Le combat continua ainsi jusqu'à ce que le mât d'artimon, coupé par les boulets, entraînât dans sa chute et la corne et le pavillon !

Il existe peu d'exemples d'ennemis assez acharnés pour ne pas respecter la défaite de leur adversaire ; cependant, une corvette française, *la Cornélie*, qui avait vaillamment combattu une frégate anglaise d'une force double, reçut, après avoir amené son pavillon, une bordée de coups de canon ajustés successivement comme dans un salut ; cet acte, d'une férocité sauvage, est, heureusement, peut-être unique.

Ce qui est moins rare, c'est de voir un bâtiment, dont on a cru le pavillon amené, renouveler le combat : à la bataille d'Aboukir, de funeste mémoire, deux vaisseaux anglais, *le Bellérophon*, devenu célèbre pour avoir transporté l'illustre captif de Sainte-Hélène, et *le Majesty*, rasés de tous leurs mâts, écrasés par le feu de la ligne française, le long de laquelle ils défilaient vent arrière, annoncèrent par leurs cris, à défaut de leur pavillon disparu, qu'ils demandaient quartier ; les vaisseaux français cessèrent de les canonner. Arrivés à la queue de la ligne, les deux Anglais *s'embossèrent*, jetèrent des ancres, pour présenter le flanc aux Français, et rouvrirent leur feu qui battait en enfilade nos derniers vaisseaux. Quelques années auparavant, dans un des combats livrés dans l'Inde par le bailli de Suffren, un vaisseau sous ses ordres, *l'Artésien*, commandé par un homme sans courage, amena le pavillon, qu'il était encore en état de défendre ; le premier lieutenant, nommé Dieu, refusa de cesser le feu dans la batterie, et force fut au capitaine de rehisser le pavillon, qui, malgré lui, fut couvert de gloire ; aussi, disait-on qu'il avait voulu se rendre, mais que *Dieu* ne l'avait pas permis. L'amiral anglais envoya un parlementaire réclamer ce vaisseau comme s'étant rendu. Le bailli de Suffren ne put que répondre : « Dites à sir Hughes de venir le prendre. » Mais sa loyauté souffrait de cette aventure, et il fit de ce capitaine un exemple sévère.

Échappé aux combats, aux tempêtes, aux écueils, le navire cherche un asile dans une rade amie ; à peine l'ancre à la dent de fer a-t-elle arrêté sa course, à peine les voiles qui l'ont poussé si longtemps sur les flots sont-elles serrées, que l'on se prépare à saluer la *terre* ; telle est l'expression des marins : c'est à la terre qu'ils s'adressent. Qu'est-ce, en effet, pour le navigateur qui vient de parcourir plus de cent lieues de côtes, qui, de vingt lieues au large, a commencé à apercevoir la masse grandissante des montagnes, qu'est-ce que la fourmilière qu'on nomme une ville, qui rampe à leurs pieds, et qui n'a paru d'abord qu'une petite tache blanche au milieu de l'immense tableau de la nature? On salue donc cette terre ; c'est une salve de vingt et un coups de canon successifs qui lui est due. Au moment où la première amorce brûle, on hisse à bord le pavillon de la nation chez laquelle on aborde ; il se déploie subitement en tête du mât de misaine ; les vingt et un coups se succèdent comme les battements d'un balancier, et, au dernier feu, le pavillon étranger disparaît en plongeant dans le nuage de fumée dont les tourbillons enveloppent encore le bâtiment ; le fort qui commande la rade répond à son tour par un nombre égal de coups de canon, puis les relations officielles commencent.

H. HARRISON                    VERLUYTEN

Aux jours de fête du pays où l'on a relâché, ainsi qu'à l'époque des solennités nationales, les bâtiments de guerre sont *pavoisés* de la pomme des mâts aux basses vergues; les pavillons de nations y ont leurs postes assignés; les places d'honneur se distribuent suivant le grade et l'ancienneté des commandants des forces navales présentes. Plus d'une fois, la malveillance a saisi cette occasion pour commettre des erreurs préméditées, ou se livrer à des manifestations hostiles. En 1819, l'amiral Duperré, se trouvant en rade de l'île danoise de Saint-Thomas, aperçut, dans le pavoisement d'une frégate anglaise, le pavillon tricolore placé d'une façon évidemment injurieuse; quoique ces couleurs ne fussent plus celles de la nation, l'amiral ne put voir de sang-froid insulter un pavillon auquel se rattachaient, pour lui surtout, tant de souvenirs de gloire. Il se rendit à bord de la frégate, et déclara que, ne pouvant réclamer une réparation officielle, il saurait en obtenir une particulière. L'indignation avec laquelle l'amiral s'exprima sur cette action, qu'il qualifiait de lâcheté, ne put être apaisée que par les excuses et les protestations chaleureuses du capitaine anglais, réellement étranger à cette marque d'une animosité subalterne. Récemment, à l'île de France, le commandant de *l'Isère* sut obtenir une réparation formelle pour une bravade semblable, et refusa, sous le feu de plusieurs batteries dont on le menaçait, une satisfaction égale pour le pavillon anglais qu'il n'avait pas eu l'intention d'insulter. Dans les questions d'étiquette navale, les nations traitent maintenant sur le pied de l'égalité la plus parfaite; mais, autrefois, les prétentions à la préséance furent l'occasion de plus d'une guerre.

Le duc de Sully, envoyé par Henri IV pour complimenter Jacques Ier sur son avénement, passait avec sa suite sur un navire désarmé, portant au grand mât le pavillon français; un vaisseau de guerre anglais, envoyé à sa rencontre pour lui faire honneur, commença par le contraindre à coups de canon à amener son pavillon, sous prétexte de la souveraineté de l'Angleterre sur les mers. C'est ainsi que Henri IV payait les secours que lui avait fournis Élizabeth. Le roi Jacques, fort civil avec l'ambassadeur, ne désavoua cependant pas son capitaine.

La galère *réale*, c'est-à-dire portant le pavillon d'un roi, avait le pas sur la galère *capitane*, qui était la première d'une république; les galères capitanes avaient le pas sur les galères *patronnes*; mais la force a souvent dérangé cet ordre : la capitane de Venise avait l'habitude de se faire saluer par la réale des Turcs ; l'amiral de Soliman s'y étant refusé dans une circonstance, le Vénitien fondit sur lui et coula deux de ses galères ; cet acte d'hostilité donna lieu à une longue et cruelle guerre. Gênes n'avait pas de capitane ; sous le règne de Louis XIV, ce prince ordonna que tous ses navires et galères se fissent saluer par la galère patronne de Gênes.

Ruyter, refusant, contrairement à un ancien usage, d'abaisser son pavillon devant l'escadre britannique, commença cette série de combats qui ensanglantèrent les mers du Nord et de la Manche. Tourville, ayant rencontré en mer une escadre espagnole, exigea d'elle le salut dû au pavillon de Sa Majesté Très-Chrétienne ; l'amiral Papachin n'y voulant pas consentir, un combat très-vif s'engagea entre les deux escadres ; au bout de trois heures, l'Espagnol, écrasé, se résigna au salut que Tourville lui rendit scrupuleusement coup pour coup.

Malgré cette singulière courtoisie, chacun doit applaudir à l'oubli de ces prétentions propres à irriter les faibles en augmentant l'orgueil des forts. Toutefois, il semble un peu ridicule d'honorer du même salut la France, l'Angleterre et l'Espagne, ou Saint-Domingue, Otaïti et le royaume des Ovas.

Le titre de roi est attribué indifféremment par les navigateurs aux chefs des peuplades les moins importantes de la côte d'Afrique et des îlots de l'Océanie ; doit-on accorder à ces royaumes imaginaires les respects dus aux pavillons des nations puissantes et civilisées ? En sacrifiant les convenances au désir de s'attirer un bon accueil, on a enlevé à des prévenances jadis flatteuses tout le prix qu'elles pouvaient avoir, et peut-être, par suite d'une prodigalité excessive, est-il aussi difficile maintenant d'honorer par un signe extérieur les nations que les individus.

Le pavillon, emblème de gloire, partage aussi le deuil et la détresse du vaisseau. Souvent, au milieu de l'Océan, soit qu'un navire, retardé par les calmes, manque de vivres ou d'eau ; soit que la chaleur et les orages aient entr'ouvert sa carène, que les flots l'envahissent et que les pompes toujours actives ne puissent suffire à le vider ; soit qu'une affreuse épidémie ait détruit presque tout un équipage, il lui faut implorer le secours du ciel et des hommes ; alors il met en signe de détresse le pavillon *en berne* ; au lieu de le laisser flotter déployé, on l'*étrangle* de deux ou trois fils de caret. Les Anglais et les Américains se bornent à arborer leur pavillon renversé, le *yack* en bas, *union down*. En général, dès qu'il aperçoit un bâtiment avec ce

signal, le navigateur n'hésite pas à se déranger de sa route pour lui porter
secours ; pourtant, certaines nations, très-renommées par leur habileté mer-
cantile, ont fait quelquefois exception à cette fraternité maritime ; mais la
publicité, tous les jours plus grande, corrige cette sauvage indifférence.

Lorsque des funérailles ont lieu à bord d'un bâtiment de guerre, le pavillon et la flamme sont amenés à mi-mât pendant toute la cérémonie.

Lors du décès d'un amiral en mer, tous les bâtiments de l'escadre restent
toutes voiles *carguées*, ballottés au milieu des flots, du lever au coucher du soleil.
Un coup de canon d'heure en heure retentit sur le mobile champ de repos. Au
moment de l'immersion des restes de celui qui la veille commandait à toutes
ces forteresses flottantes, dont le seul signe était un ordre souverain, trois
salves de mousqueterie de tous les équipages et trois *bordées* de son vaisseau
lui adressent le dernier adieu ; puis, les dernières ondulations de l'eau se referment sur le cercueil. Emblème du néant de la gloire et des grandeurs,
la fumée des canons est balayée par la brise, et l'escadre reprend sa route
silencieuse.

En rade, au moment où le corps est descendu dans l'embarcation qui doit
le transporter à terre, les mêmes salves sont faites ; les vergues sont mises
en *pantenne*, c'est-à-dire obliquées à l'horizon ; puis le cortège, composé
d'une longue procession d'embarcations de tous les navires, avec les compagnies de débarquement en armes, défile et vient à terre réunir la pompe
des funérailles militaires à celle des funérailles navales.

Indépendamment de l'enseigne de poupe et des marques distinctives, tous
les bâtiments de guerre portent aux jours de fête un pavillon au *beaupré* ;
les Anglais et les Américains du Nord l'arborent tous les jours en rade. Pour
ces deux peuples, ce pavillon n'est pas semblable à celui de poupe : c'est seulement le *yack*, ou quartier supérieur du pavillon de poupe, qui le forme.
Pour les Américains, c'est un fond bleu, chargé d'autant d'étoiles blanches
que la confédération compte d'États ; pour l'Angleterre, c'est un champ
d'azur, chargé des croix blanches bordées de rouge de Saint-Georges et de
Saint-André.

Les bâtiments du commerce français peuvent, après déclaration inscrite
sur leur rôle ou registre d'équipage, porter les pavillons de leurs armateurs,
pourvu qu'ils ne soient point semblables aux marques distinctives des bâtiments de l'État. Ils doivent en outre porter un *guidon* différent, suivant l'ar-

rondissement maritime qui comprend leur port d'armement. Sur les rades
étrangères, dans les stations éloignées, les matelots normands se réjouissent
à l'aspect du guidon blanc et bleu, ou bleu et jaune, qui désigne un navire
des côtes de Dunkerque à Honfleur, ou de Honfleur à Granville; les Bretons
espèrent, mais avec une patience proverbiale, les couleurs jaune et bleue,
et bleue et rouge, particulières à l'arrondissement de Brest et à celui de
Lorient; les Saintongeois, les Gascons attendent le vert et blanc, apanage
distinctif des ports situés entre la Loire et les côtes d'Espagne; et les Pro-
vençaux font hautement éclater leur allégresse quand la banderole blanche et
rouge leur annonce un compatriote toujours prodigue de nouvelles du pays.

Toutes ces bannières d'*étamine*, guidons, flammes, etc., quoique employés
à faire reconnaître la qualité, l'espèce des navires, ne sont point des signaux
proprement dits; on donne ce nom à une série de vingt pavillons, quatre
guidons ou pavillons fendus, huit flammes ou longues banderoles et deux
*trapèzes*, pavillons inégaux à leurs deux extrémités, de couleurs diverses,
qui, combinés un à un, deux à deux, trois à trois, servent à désigner le numéro de tel ordre, écrit dans le livre des signaux, ou livre de la tactique
navale, dont l'amiral ordonne l'exécution.

La nécessité des signaux a été de bonne heure sentie sur mer; l'impossibilité de se rapprocher à volonté d'un point, le besoin d'appeler du secours, la
nécessité au chef d'une flotte de faire connaître sa volonté rapidement à tous
les bâtiments sous ses ordres, a bientôt fait imaginer de se servir de signaux
visibles, comme moyen de communication le plus rapide. Des pavillons, des
flammes de diverses couleurs, de dessins différents, ont été employés dès les
temps les plus reculés pour indiquer aux vaisseaux d'une flotte le moment d'exécuter certains mouvements convenus d'avance[1]. Plus tard, on se servit d'un système véritablement *télégraphique*. La variété des mouvements d'un étendard
(βανδὸς), abaissé et élevé un certain nombre de fois, incliné à droite ou à
gauche au bout d'une longue pique, remplaça la diversité des signes[2]. Dans
les armées impériales, au neuvième siècle, l'étendard rouge était le signal de
*commencer le combat;* cette couleur, véritablement parlante, a longtemps
conservé le privilège de planer sur les scènes de meurtre, comme si le signal

---

[1] L'empereur Léon le Philosophe, *Tactiques.*
[2] Id.

se teignait du reflet du sang versé. Dans les escadres de Hollande et d'Angleterre, au dix-septième siècle, c'était encore la couleur du pavillon de combat ; et sous la république française, le drapeau rouge, déployé dans les rues, proclamait la loi martiale.

A la bataille de Lépante, don Juan, généralissime de la flotte chrétienne, arbora le pavillon vert pour entamer l'action ; le pavillon des Turcs étant rouge, les chrétiens n'avaient pas voulu se servir, même comme signal, d'un drapeau abhorré.

De nos jours, les mœurs publiques ont pris une allure simple qui exclut toutes ces manifestations extérieures. Le militaire, le marin sont, dans la vie civile, pareils à tout autre individu ; ils n'affichent nullement leur belliqueuse profession ; de même que le navire de guerre, dont les canons sont prêts à foudroyer une ville ou un fort, ne se couvre pas d'images fantastiques abandonnées aux Chinois.

Toutefois, dans la dernière guerre, on vit quelquefois reparaître cet ancien usage. La frégate de 46 *l'Amélia*, capitaine Irby, s'avançant contre *l'Aréthuse* de 42, déploya un large pavillon rouge à son mât de misaine ; cette tradition de l'escadre du prince Ruppert ne suffit pas cependant pour effrayer le commandant Bouvet ; il attendit la frégate anglaise et engagea le combat, à la suite duquel *l'Amélia* ne dut son salut qu'à la supériorité de sa marche et à la promptitude avec laquelle elle gréa ses bonnettes pour fuir vent arrière [1]. Actuellement, les navires prêts au combat se contentent d'arborer leur pavillon de poupe. Au siége de Saint-Jean-d'Ulloa, les trois frégates et la corvette *la Créole*, engagées au feu, avaient arboré en outre le pavillon national à la tête de chacun de leurs trois mâts.

Le système de signaux, dont on suit les traces à toutes les époques dans les tactiques de l'empereur Léon, dans le voyage de saint Louis, dans tous les écrits du moyen âge, commença à être perfectionné par le duc d'York, vers 1680.

Pour la marine française, un officier pourvu d'un nom singulièrement providentiel, M. du Pavillon, écrivit le système combiné dont, avec beaucoup de perfectionnements, nous faisons usage aujourd'hui.

Chacun des trente-quatre signes dont nous avons parlé est employé iso-

---

[1] Le journal le *Times*, London.

lément pour les ordres dont la transmission rapide est le plus nécessaire dans le combat et la navigation.

Puis vient la première série d'ordres que deux signes font reconnaître : ce sont ceux relatifs à la manœuvre et aux évolutions.

Chaque bâtiment de l'escadre est désigné par un numéro que représentent une flamme et un pavillon.

En outre, chaque navire de la flotte française est désigné par un numéro différent sur une liste officielle ; ce numéro, ainsi que tous les *nombres*, est indiqué par un certain guidon, suivi ou précédé de deux des vingt pavillons ; aussi, des bâtiments d'escadres différentes se reconnaissent par leur numéro officiel.

Chacun des deux trapèzes, surmonté ou suivi d'un pavillon, indique une des lignes de la boussole, une *aire de vent* ( voir chapitre V ) nord, sud, sud-est, etc.

Un certain guidon, avec deux autres signes, est spécialement destiné à signaler le *point* du vaisseau, sa position sur le globe, sa latitude et sa longitude. La richesse des combinaisons est telle, qu'il en reste beaucoup de disponibles au gré de l'amiral, le nombre d'ordres prévus par la *tactique navale* étant moins considérable que celui de ces combinaisons.

Il existe un autre mode de communications moins rapide, mais plus complet et plus détaillé ; c'est le *télégraphe marin*. Qu'on ne confonde pas ce nom avec les sémaphores, véritables télégraphes des côtes. Le télégraphe marin n'est autre chose que la représentation des dix chiffres, de 0 à 9 inclusivement, par des pavillons de couleurs diverses ; au moyen de ces dix chiffres, on peut exprimer tous les nombres ; ces nombres, transmis ainsi, correspondent aux cinq mille mots d'un dictionnaire numéroté, très-suffisants pour une conversation. Par exemple, c'est avec le télégraphe qu'on fera en mer les invitations à dîner, qu'on aura des nouvelles d'un malade, des suites d'un accident, etc. Tels sont les moyens ingénieux inventés pour communiquer rapidement la pensée à travers l'espace.

L'emploi du télégraphe mécanique de terre, de la signification variée d'un pavillon, suivant qu'il serait à telle place ou à telle autre, est impraticable à la mer ; tout ce qu'on peut faire, c'est de distinguer les couleurs, et il est souvent difficile, même à petite distance, de discerner la place d'un pavillon à travers le dédale de la mâture et par la perspective différente qu'offre un navire selon ses différentes positions.

Dans les temps de brume, et pendant la nuit, il a fallu avoir recours aux *feux* pour transmettre les ordres, sans lesquels une armée navale serait bientôt dispersée et exposée à des chocs fréquents, dans ses mouvements désordonnés ; mais, en même temps, on n'a pas, dans ces circonstances, besoin d'ordres aussi variés ; il est même connu qu'il ne faut transmettre, pendant l'obscurité, que ceux strictement nécessaires.

Les feux dont on fait usage sont les *fanaux* et les *coups de canon*. On se sert au plus de dix fanaux à la fois, divisés en deux groupes, l'un supérieur, l'autre inférieur, dont le plus nombreux n'en doit jamais renfermer plus de cinq ; de même, on tire au plus dix coups de canon l'un après l'autre pour un signal de nuit, et encore on les tire en deux temps, séparés par un intervalle sensible ; chaque temps ne doit pas être de plus de cinq coups de canon ; on a donc ainsi le moyen de signaler trente ordres.

Ce nombre étant insuffisant, un artifice spécial, une fusée, par exemple, lancée avant le signal, désigne un nouveau chapitre de trente ordres nouveaux.

Une fusée après le signal donne une nouvelle série ; puis, deux fusées, une avant, une après ; puis, plusieurs fusées ; enfin des flammes du Bengale

avant, après, avant et après fournissent les moyens de signaler plus de trois
cents ordres nocturnes, divisés en dix chapitres, dont les fusées, les flammes
du Bengale sont le titre, les coups de canon et les fanaux, la pagination.

Tout ce qui concerne le service des signaux et des pavillons forme, à bord,
le cinquième *détail*, celui dont est chargé le *maître de timonerie*. Un officier
est préposé à sa surveillance spécialement ; c'est lui qui, pendant le combat,
est chargé de la transmission et de l'interprétation des signaux. Avant le départ du port, il s'assure que tous les pavillons, flammes, guidons, sont en bon
état ; que le nombre prescrit de fanaux, de fusées, d'artifices, a été embarqué,
et que tout est prêt à bord pour le service de la timonerie, y compris la série de petits pavillons en miniature destinés à l'exercice des embarcations,
alors qu'imitant les flottes de guerre, les *chaloupes*, symboles des vaisseaux
à trois ponts, conduisent, sous leur pavillon de commandant, les canots du
deuxième rang et les *yoles*, légers avisos. C'est là une excellente étude qui
familiarise les jeunes marins avec les règles de la tactique navale, que l'on
a rarement occasion d'apprendre par la pratique réelle.

## LA NAVIGATION.

Le navire, pourvu de ses agrès, de ses munitions de guerre, de ses vivres pour six mois, est passé de l'arsenal en rade; il n'attend plus que l'ordre du départ pour prendre l'essor auquel il est appelé, pour déployer toutes les qualités qu'on a soigneusement cherché à lui donner, et que la mer va mettre plus d'une fois à l'épreuve.

Déjà nous avons esquissé les aspects variés que la brise, le vent, la tempête ou le calme impriment à l'Océan ; nous allons étudier maintenant le théâtre qui s'ouvre devant nous.

L'Océan n'est point une surface monotone dont l'intensité des vents varie seule la physionomie. Les mers et le ciel qu'elles reflètent ont leurs caractères spéciaux, leur aspect, leur nature, leurs phénomènes particuliers.

Dans les parages voisins des pôles, des glaces flottent détachées de la barrière éternelle qui nous en défend l'approche. Là, dans une même journée, la mer est *calme, houleuse, tourmentée* et *belle* de nouveau ; l'inconstance des vents et des flots est en rapport avec celle du climat. Dans l'été de ces tristes contrées, pendant le calme, le soleil ranime les hommes d'une chaleur vivifiante qui rappelle d'autres cieux ; tout à coup, que la brise du nord se lève, un froid glacial et funeste substitue une contraction douloureuse au doux épanouissement de la nature.

Les glaces flottantes voguent vent arrière, laissant toujours du côté du vent leurs longues traînées sous-marines, immobiles gouvernails. La partie émergée égale à peine le cinquième de la partie noyée, et affecte les formes les plus fantastiques ; leurs flancs sont creusés de cavernes irrégulières, inondées d'un bleu d'azur dont la teinte inimitable tranche avec l'éblouissante blancheur de la neige qui les recouvre.

Une réunion de glaçons flottants forme une *banquise ;* les navires enfermés dans cette enceinte mobile sont aussi tranquilles que dans un bassin ; mais en dehors de cette barrière qui les repousse, la houle et les vagues sont plus fortes et plus dangereuses ; le vent, au contraire, perd sa force à l'ap-

proche des glaces élevées. Il est à croire que les molécules de l'air qu'elles con-
densent par leur froid contact retournent vers le large, où l'atmosphère est
plus dilatée, et combattent ainsi le mouvement imprimé à la masse de l'air.

Dans ces climats, que le soleil éclaire ou abandonne alternativement
pendant cinq à six mois consécutifs, l'homme n'est qu'un hôte exceptionnel ;
c'est la patrie des gigantesques cétacés, des morses aux défenses massives,
des innombrables races de phoques ou veaux marins ; les mouettes arctiques,
les eiders, dont le précieux duvet les défend des rigueurs du froid, toutes
sortes d'oiseaux aquatiques, couvrent les rades et les havres ; des goëmons
immenses se détachent du fond de ces mers que peuplent une multitude de
mollusques et où ne viennent que peu de poissons.

Pendant l'hiver, une nuit sombre étend son voile sur ces contrées ; et cependant c'est dans ces parages désolés que les flots présentent quelquefois
le plus splendide spectacle qu'il soit donné à l'homme de contempler ; nous
voulons parler des *aurores polaires*.

Au moment où le météore apparaît, le ciel, fendillé, donne passage à mille
rayons lumineux, convergeant activement vers un même point, comme dans
une gloire ; de ce centre sont dardées incessamment des lames de feu rayon-
nant dans toutes les directions ; ces lames sont sillonnées d'ondes de lumière

animée, rouge, rose, blanche, violette, bleue; des torrents de feux s'écoulent
sans cesse de cette inépuisable source, et l'horizon resplendit pendant plusieurs heures de cette magique clarté.

Dans l'espace qui sépare le cercle polaire du tropique, dans les zones tempérées, la mer éprouve une agitation permanente, sous l'influence des vents
variables. Dans l'océan Atlantique, la houle du nord-ouest poursuit de son
bercement monotone les navires qui vont aux Antilles, jusqu'aux parages
des vents *alizés*; ceux-ci caressent de leur souffle presque constant les mers
qui s'étendent entre les deux tropiques; les calmes orageux de la Ligne équi-
noxiale, de l'Équateur, en interrompent la continuité, et séparent le vent
alizé du nord-est, qui souffle dans notre hémisphère, de celui du sud-est,
qui règne dans l'hémisphère méridional.

En approchant de la Ligne, la mer acquiert, pendant la nuit, une phosphorescence plus vive; la trace du navire devient une traînée lumineuse; le
sommet des vagues resplendit de mille lueurs, et l'étrave, soulevant une
écume étincelante, semble porter devant elle une illumination permanente.

La région des calmes s'étend à peu près à cent lieues au nord et au sud de l'É-
quateur; les matelots lui ont donné le surnom significatif de *pot-au-noir*; la mer
y roule des flots huileux. De longues journées s'écoulent sans qu'un souffle de
brise en ride la surface. De lourds nuages, émanés des eaux sous l'influence d'un
soleil ardent, bornent l'horizon rapproché de leurs masses fauves et confuses;

ils se fendent en pluies torrentueuses, et restituent ainsi à la mer la vapeur qui les a formés. Parfois, sans cause apparente, par un phénomène électrique, *par un caprice de Neptune*, au milieu de cette masse de pluie, s'élève un vent impétueux qui brise les mâtures, enlève les voiles, renverse les navires, sans que le nuage immobile témoigne à l'extérieur du tumulte qu'il recèle dans son sein.

Pendant les longs jours qui s'écoulent sous ce brûlant climat, les marins ont, pour se distraire, la pêche du requin avide, qui abonde dans ces parages ; puis, au passage de l'Équateur, on célèbre à bord *la fête de la Ligne*, véritable saturnale dont les préparatifs occupent longtemps à l'avance les loisirs des matelots.

La veille de cette singulière cérémonie, vers le soir, un orage d'un nouveau genre trouble la tranquillité du ciel : du haut de la grande hune des roulements de tambours figurent le bruit du tonnerre, des amorces brûlées sillonnent en guise d'éclairs ce théâtre en plein vent, des torrents de pois secs poursuivent de leurs durs grêlons les spectateurs naïfs. Au milieu de cet imposant appareil, le dieu des mers d'une voix chevrotante hèle le bâtiment : d'où vient-il ? où va-t-il ? le nom du navire ? le nom du commandant ? Après les réponses complaisantes de l'officier de quart, le père *la Ligne* expédie un émissaire, qui descend, suspendu le long de l'*étai* du grand mât en costume de postillon ; il remet au commandant une missive composée par le bel esprit du bord ; quelques bouteilles de vin sont pour lui la plus éloquente des réponses.

Le lendemain a lieu la grande cérémonie. Le dieu, satisfait, vient avec sa suite recevoir le tribut des novices qui n'ont pas encore été initiés à ses mystères. Dans cette burlesque procession figurent pêle-mêle les plus grotesques images des institutions des sociétés modernes et des traditions mythologiques. Neptune et Amphitrite, précédés de sapeurs, sont traînés dans le même char que la vierge Marie portant l'enfant Jésus ; des tritons et des dieux marins demi-nus s'*abouchent* avec le prêtre revêtu de son étole ; des gendarmes à aiguillettes de corde combattent, le *bancale* à la main, les serpents des Euménides et les fourches des dieux infernaux ; ils maintiennent la police parmi les damnés au corps noirci de goudron et roulé dans la plume, qui traînent à leurs bras les chaînes des grappins d'abordage ; le courrier de la veille, monté sur un fabuleux hippogriffe, un meunier breton prodigue de sa farine, cheminent à côté d'un Bacchus à la peau rayée de rouge et de bleu.

Après avoir défilé tout autour du bâtiment, la noble assemblée va s'asseoir dans une chapelle tendue de pavillons bariolés ; sur l'autel, orné d'images de tous les genres, le prêtre parodie le sacrifice divin ; puis chacun des néophytes est appelé à son tour à s'asseoir sur une sorte de trône recouvert de draperies. Mais, ô instabilité des choses humaines ! à peine a-t-il prêté les serments exigés, à peine a-t-il satisfait aux *besoins de l'Église*, que le trône s'écroule ! Deux robustes sacrificateurs, retirant vivement les planches qui le ferment, plongent le patient dans une vaste cuve pleine d'eau ; inondé, dégagé à grand'peine du fond du baquet, il s'enfuit bien et dûment baptisé. La fête se termine par un combat général dont les pompes à incendie, les sceaux, les bailles, constituent la formidable artillerie, et dont la mer fournit les munitions ; quelques heures après, le pont est lavé et séché, l'équipage *dégrimé*, et le service ordinaire reprend son cours.

L'Océan occupe dans l'hémisphère sud une surface bien plus considérable que dans le nôtre : l'Afrique, terminée au trente-cinquième degré, lui abandonne tout l'espace correspondant à celui que l'Europe couvre dans l'hémisphère nord ; l'Asie, dont les pointes septentrionales dépassent le cercle polaire, n'arrive pas jusqu'au tropique sud que baigne la mer des Indes ; l'Amérique, plus allongée, se termine au cap Horn par 55° de latitude méridionale, tandis que le Groënland prolonge peut-être jusqu'au pôle la continuité de ce continent. Ainsi, c'est seulement dans la partie méridionale du globe que peuvent s'accomplir les voyages de circumnavigation, le tour du monde. Vainement Drake, Cook, la Pérouse, Phipps, Parry, l'ont tenté par le nord de l'Amérique ou de l'Asie ; à peine ont-ils retiré pour fruit de leurs héroïques efforts la satisfaction d'une vaine curiosité.

Ainsi, dans cette mer sans bornes où se terminent les deux caps, les vagues, que rien n'arrête, acquièrent un développement extraordinaire. Lors des grands coups de vent de l'ouest, les ondes soulevées peuvent, sans hyperbole, se comparer à des montagnes ; le navire, porté sur leur crête, redescend lentement dans les vallées qui les séparent et qui occupent parfois plus d'un mille d'étendue ; l'horizon de la mer, dentelé par les cimes de ces Cordilières mouvantes, n'est plus qu'une ligne hypothétique, inutile aux observations de l'astronome marin.

Les vents alizés ne sont pas les seuls dont la durée soit remarquable ; dans la mer de l'Inde, aux îles de la Sonde, dans le canal de Mozambique, les *moussons* régulières indiquent par leur variation périodique le changement de saison : pendant six mois de l'année, des vents frais du sud-ouest favorisent les bâtiments qui vont dans les splendides comptoirs de Calcutta, de Madras, charger les richesses de l'Inde ; pendant les six autres mois, de décembre en juin, une brise permanente de nord-est facilite leur départ pour l'Europe. Les *Daos* arabes, profitant de la mousson favorable, vont de Mascate à Madagascar prendre des cuirs, de la gomme, du riz ; ils passent six mois à compléter leur cargaison, et repartent après le renversement de mousson, pour ne revenir que l'année suivante. On se tromperait grandement si ce mot bénin de *mousson* faisait présumer que leur souffle régulier plisse légèrement la surface des eaux, gonfle toujours d'une douce brise la voile du navigateur ; l'une des deux moussons, celle du nord-est dans le golfe de Bengale, du sud-ouest sur la côte de Malabar, dans le golfe d'Oman, est une série presque continuelle de coups de vent terribles, pendant lesquels des pluies orageuses, les trombes, la foudre, dévastent ces *heureux* climats.

Des torrents rapides, dont, en apparence, rien ne dénonce l'effet, parcourent la surface de l'Océan ; ce sont de véritables fleuves au milieu des mers. Ainsi que le Rhône, en traversant le lac Léman, dessine de son bleu foncé le sillon que ses eaux se creusent dans l'azur plus tendre du lac ; de même ces courants s'ouvrent une route au milieu des mers sans se mêler avec leurs flots.

Le *Gulf-Stream*, courant du golfe du Mexique, résultat de l'accumulation des eaux contre la côte d'Amérique par le souffle des vents alizés, s'échappe par le canal de Bahama, qui sépare le banc de ce nom des Florides, remonte jusqu'à la hauteur de Terre-Neuve le long des États-Unis, puis traverse l'océan Atlantique, et entraine jusqu'aux îles Açores les *raisins du tropique*, plante marine dont les trainées flottantes galonnent tout son cours.

Le banc des Aiguilles, au sud de l'Afrique, est contourné par un courant dont la vitesse, d'une lieue à l'heure, favorise les bâtiments qui reviennent de l'Inde ; un autre courant pareil a été découvert sur les côtes de l'Australie par le capitaine Dupetit-Thouars, sur la frégate *la Vénus*. Dans le détroit de Gibraltar, une impulsion constante entraine les eaux de l'Océan dans le bassin de la Méditerranée, qui se vide probablement par l'action de courants sous-marins opposés au précédent. Bien d'autres fleuves semblables, dont la carte n'est qu'ébauchée, sillonnent la surface des mers ; leur température différente de celle de l'eau environnante en atteste la réalité.

Indépendamment de ces mouvements partiels, les eaux du globe en éprouvent de réguliers et périodiques, les marées. L'attraction combinée des masses du soleil et de la lune élève le niveau des mers ; il en résulte une oscillation régulière enchainée au mouvement de la lune, le plus voisin des deux astres. De même que le lever de ce satellite de la terre, la marée retarde de quarante-cinq minutes dans vingt-quatre heures. Lors du flux, du *flot*, la mer monte pendant six heures, reste une demi-heure environ *haute*, immobile, *étale* ; le reflux, le *jusant*, se fait sentir ; le niveau baisse pendant six heures environ, et la mer *basse* reste *étale* une demi-heure encore avant de reprendre son mouvement ascensionnel.

La différence des deux niveaux atteint près de cinquante pieds sur les côtes de la Manche ; elle est beaucoup moins sensible dans les régions équatoriales, et nulle dans les mers intérieures, dans la Baltique, dans la Méditerranée, dont l'étroite embouchure annihile l'effet de ces mouvements trop répétés.

Bien des causes accessoires, difficiles à analyser, altèrent la régularité des marées. En général, c'est dans la zone tempérée qu'elles présentent le plus de précision.

Prêt à s'aventurer sur les flots, le navigateur doit être pourvu de tous les renseignements les plus détaillés sur l'élément qu'il va parcourir. Les cartes marines, image conventionnelle de la mer et des côtes, lui font connaître d'avance les écueils qu'il doit éviter, la direction qu'il doit chercher à suivre. Une fois en mer, ce sera à la boussole qu'il devra de connaître s'il suit réellement la route que la carte lui a fait choisir ; en effet, hors de vue de toute terre, la boussole peut seule distinguer des points particuliers sur l'horizon partout uniforme et semblable au regard. Chacun sait que l'aiguille aimantée, librement suspendue par son centre, désigne toujours, par sa pointe, la position du nord [1]. Quelle que soit la direction du bâtiment, ayant toujours ainsi un point certain, il est facile de s'en éloigner de la quantité indiquée par la carte. Pour mesurer cet écartement à bord, on colle sur l'aiguille aimantée un rond de papier soutenu par une feuille mince de talc ; l'aiguille n'en est pas assez chargée pour ne pas rester aussi sensible qu'avant ; on divise ce rond, comme tous les cercles, en 360°. En mesurant sur la carte, au moyen d'un cercle pareil, le nombre de degrés dont la ligne qui conduit au point voulu s'écarte de la ligne du nord, du Méridien, en un mot, il est facile de faire tourner le bâtiment jusqu'à ce que son avant soit écarté de la ligne nord et sud de la boussole de la même quantité, et alors en le poussant directement on le conduit à son but. Pour faciliter à des hommes peu éclairés la connaissance de la boussole, on a joint à la division en 360°, une division en trente-deux parties, dont chacune s'appelle *quart*, *rumb* ou *aire de vent*. Voici les noms et la position de ces trente-deux aires de vent :

Les quatre points cardinaux : NORD, SUD, EST et OUEST.

Quatre autres divisions, intercalées entre les précédentes, NORD-EST, NORD-OUEST (qui se prononce *nor-oit*), SUD-EST (*su-et*), SUD-OUEST (*sur-oit*), en portent le nombre total à huit.

Huit divisions intercalées entre les huit précédentes en portent le nombre à seize ; ces huit divisions sont :

---

[1] Ceci n'est qu'approximativement exact ; l'aiguille aimantée n'indique que dans quelques lieux le nord véritable ; partout ailleurs elle dévie à droite ou à gauche, vers l'est ou vers l'ouest. Ainsi, cette variation est à Brest de 25°, et à Toulon de 17° à l'ouest. C'est Christophe Colomb qui fit le premier la remarque de ce phénomène.

Le N.-N.-O. (nord-nord-ouest), le O.-N.-O. (ouest-nord-ouest), le N.-N.-E. (nord-nord-est), le E.-N.-E. (est-nord-est), le S.-S.-O. (sud-sud-ouest), le S.-S.-E. (sud-sud-est), le O.-S.-O. (ouest-sud-ouest), le E.-S.-E. (est-sud-est).

Seize divisions intercalées entre les seize déjà obtenues achèvent la série des trente-deux aires de vent; les seize divisions s'appellent du nom des deux plus voisines de deux premières séries, séparées par le mot *quart*; ainsi *nord-quart-nord-ouest* veut dire la direction qui est éloignée du nord du trente-deuxième du tour du cercle en allant vers le nord-ouest; ainsi de suite pour *sud-quart-sud-est, est-quart-nord-est, sud-est-quart-sud*, etc. — Le cercle ainsi divisé se nomme la *rose des vents*.

Les instructions rédigées par des navigateurs habiles font connaître d'avance au marin les écueils, les courants, les vents qu'il faut redouter ou attendre, l'aspect détaillé des terres, la nature du fond de la mer aux approches de la côte; il emporte aussi la *Connaissance des temps*, livre qui lui donne pour chaque instant la véritable position des astres, et les instruments à miroir, le *sextant* ou le cercle de Borda, qui lui serviront à trouver exactement la position du vaisseau d'après les angles qu'il aura observés entre ces jalons infaillibles.

Enfin l'ordre du départ est arrivé! Dans vingt-quatre heures on sera sous voiles! Chacun s'empresse de terminer ses préparatifs; maîtres, élèves, officiers, tous sont en mouvement pour rassembler les derniers objets nécessaires au navire ou à leur usage personnel ; indépendamment des conserves embarquées de longue main, chacun des *chefs de gamelle* a soin de faire une abondante provision de vivres frais, de légumes surtout ; le chou, le prosaïque chou lui-même mérite les plus grands égards des navigateurs ; après un mois de mer, on le préfère mille fois aux pâtés les plus savoureux. Un filet à grandes mailles exposé au grand air reçoit les précieux végétaux ; les volailles sont entassées dans des cages régulières fixées au pont sur l'avant, dans les batteries ; comme il arrive souvent qu'elles s'échappent, chacune des trois tables officielles adopte pour les reconnaître une marque particulière : ainsi le maître d'hôtel du commandant leur coupera l'aile droite, celui de l'état-major l'aile gauche ; le chef de gamelle du poste des élèves décrète invariablement la section des deux ailes, de la queue et de la crête, de sorte qu'un coup de ciseau fournit au *novice* chargé de leur conservation le moyen de les maintenir toujours au complet.

Enfin la dernière *poste aux choux* (c'est le nom qu'on donne au canot qui chaque matin va chercher les provisions du jour ) revient à bord ; il y règne un désordre pittoresque ; le fond de l'embarcation surchargée, où s'infiltre l'eau de la mer, est rempli de canards, d'oies qui se révoltent contre l'amertume du bain où ils plongent ; les rameurs sont obligés d'appuyer leur pied sur le banc qui précède, pour ne pas écraser ces intéressants volatiles : à l'avant, la malle monstre d'un élève retardataire ; à l'arrière, des poules, des légumes, des moutons *arrimés* en *grenier*, en tas dans la *chambre* du canot, les cuisiniers, les domestiques, des matelots ivres arrachés à grand'peine aux délices des cabarets complètent l'encombrement ; l'élève s'est réfugié dans la *botte*, dernier compartiment du canot ; au milieu du brouhaha général, le patron, gêné dans les mouvements de sa barre, maugrée de tout son cœur ; la lourde embarcation *tangue*, saute sur la lame et avance à peine sous l'effort des avirons presque entièrement plongés dans l'eau et que les canotiers ont une peine infinie à mouvoir en raison de leur gênante posture. Arrivés enfin à bord, les nombreux passagers bipèdes, avec ou sans plumes, évacuent le canot et se rendent qui dans les cages, qui à leur fourneau, qui dans la cale, qui aux *fers* avec leurs libations surabondantes d'eau salée ou de vin.

La chaloupe, embarquée dès la veille sur le pont entre le grand mât et
le mât de misaine, a reçu, après qu'on lui a retiré ses bancs, le grand canot
dans lequel se loge également le petit; les autres embarcations, les *yoles*, se
*hissent* sur les arcs-boutants extérieurs, les *portemanteaux*. Le canot du
commandant sort du port; le pavillon, signe de sa présence, flotte à la poupe;
le second du bâtiment fait tout disposer pour établir les voiles, lever l'ancre
ou filer la chaîne dehors, si le navire est tenu à une ancre à poste fixe, ce
qu'on nomme un *corps-mort*; le chef de timonerie s'assure que le gouvernail
est libre et joue aisément, que les *lignes de sonde* et les *plombs* à main destinés à interroger le fond de la mer pendant que le bâtiment sera dans les
pannes, sont prêts; le maître canonnier, sous la surveillance de l'officier commandant la batterie, a fait solidement amarrer les canons en raison des mouvements violents du vaisseau à la mer; le commandant arrive dans son canot
à l'échelle du bâtiment; quatre hommes en haie l'attendent la main au chapeau; un long coup de sifflet salue son entrée à bord, les officiers de service
le reçoivent au haut de l'échelle. « Tout est paré, commandant, lui dit
l'officier en second. — Eh bien, nous allons *appareiller !* »

*Chacun à son poste pour l'appareillage!* commande l'officier de garde;
puis il descend du banc de quart en décrochant le hausse-col, insigne de son
service; le commandant a pris la charge du bâtiment. Jadis, un officier,

appelé l'*officier de manœuvre*, était chargé de transmettre au *porte-voix* les ordres qu'il recevait à voix basse du commandant ; maintenant la plupart des capitaines préfèrent commander directement à leur équipage dans les grandes occasions.

Au triple son filé suivi de roulements allongés que tous les *maîtres*, porteurs de sifflet, font retentir aux écoutilles, les matelots grimpent à la hâte ; le *capitaine d'armes*, armé d'un crayon et d'une liste, qui ont remplacé le rotin et la garcette des anciens, accélère le dégagement des batteries ; les chefs de pièce restent en bas pour la manœuvre de la chaîne ; on fait l'appel sur le pont, et l'action va commencer.

*A larguer les voiles!* — Les matelots se pressent aux échelles de côté qui montent vers les *haubans*, eux-mêmes garnis d'*enfléchures* ou échelons de corde qui conduisent dans la mâture.

*En haut le monde!* — A l'instant, la trame du gréement se charge de marins qui courent en montant sur elle comme les araignées sur leur toile.

*Sur les vergues!* — Les hommes se répandent sur les vergues, les pieds soutenus par les cordes qui pendent au-dessous d'elles en festons, les *marchepieds* ; le ventre sur le bois et les deux mains libres, ils détachent les *jarretières* qui entourent la voile, mais la retiennent à la main.

*Larguez!* — A l'instant, des *cacatois* aux basses voiles, toute la mâture se charge de blancs flocons de toile déroulée subitement ; en même temps, les matelots, disparus des extrémités des vergues, rentrent au milieu, contre le mât où le gréement et la voile les dérobent aux regards ; la mâture, si chargée tout à l'heure, semble déserte : l'immobilité a remplacé les mouvements rapides dont elle était animée.

*En bas le monde !* — Tout à coup les haubans se repeuplent d'une noire fourmilière; les matelots descendent en courant à reculons comme les crabes de mer, et, en quelques secondes, disparaissent jusqu'au dernier, dans l'intérieur du bâtiment.

La manœuvre ainsi accomplie est celle de *larguer les voiles.* Non-seulement pour l'appareillage, mais aussi dans les exercices, ou pour faire sécher la toile, elle s'exécute avec la même solennité. C'est cet ensemble, cette rapidité dans les mouvements qui est le cachet de la marine militaire ; à bord d'un bâtiment de commerce, au contraire, on dit aux matelots d'aller larguer les voiles, et ils exécutent cet ouvrage comme ils peuvent, et peu à peu, à cause de leur petit nombre.

Si le bâtiment est retenu par une chaîne de *corps-mort* qu'il peut abandonner, il ne reste plus qu'à *établir,* à tendre les voiles, puis à les *orienter,* les obliquer dans des positions convenables; si, au contraire, le navire est tenu par une des ancres qui lui appartiennent, il faut qu'il la *lève* pour l'emporter avec lui.

Tout bâtiment tenu par une chaîne à une ancre se tient ordinairement de *bout au vent,* c'est-à-dire qu'étant tenu par l'avant le navire s'efface dans le *lit* du vent, la proue vers le vent; ainsi que nous le voyons alors, les voiles sont *masquées,* c'est-à-dire que le vent les frappe sur la surface antérieure; on dit alors qu'on a *le vent sur les voiles ;* quand il les frappe sur leur face postérieure, condition nécessaire pour marcher en avant, les voiles *portent,* on a *le vent dans les voiles.*

Appareiller, c'est à la fois détacher le navire du point fixe où l'ancre le retient, et disposer ses voiles de façon à le faire tourner pour recevoir *le vent dans les voiles.*

Si donc il faut lever l'ancre, on enroule la chaîne autour du *cabestan,* on place les *barres,* et une partie de l'équipage *vire,* fait tourner le cabestan; la chaîne s'enroulant d'un côté pendant qu'elle se déroule de l'autre pour être ramassée dans le *puits à chaîne,* amène bientôt le navire au-dessus du point où se trouve l'ancre. *Tiens bon !* commande l'officier en second, dont le poste de manœuvre est sur le gaillard d'avant, d'où l'on observe le mieux le mouvement des ancres ; un long coup de sif-

flet du maître d'équipage répète le commandement; le cabestan s'arrête ;
le navire est à *pic* de son ancre, un effort de plus, on l'arrache ; c'est le
moment d'*établir* les voiles.

*Borde et hisse les huniers!* — A cet ordre du commandant, les huniers,
dont on *largue* toutes les *cargues*, sont tendus par leurs *points*, leurs
angles, au moyen des *écoutes;* puis la *vergue de hune* est *hissée*, élevée en
l'air au moyen de la *drisse*, jusqu'à ce que la vaste surface de toile soit tendue le plus possible. Deux cents hommes allongés sur les *drisses* marchent en cadence, au son du fifre et du tambour, d'un bout à l'autre du
bâtiment. C'est toujours la manœuvre du *trinquet de gabie* de la caraque
du quinzième siècle.

*Borde et hisse les perroquets et les cacatois!* —Ces voiles plus légères sont
tendues de la même manière. Pendant que les vergues montent, des
hommes, placés aux *bras*, les maintiennent dans leur position, en travers
de l'axe du navire. Il faut maintenant les *orienter* de façon que lorsqu'on
arrachera du fond de la mer l'ancre qui y tient encore, le navire, devenu
libre, tourne sur lui-même pour présenter au vent la face intérieure de ses
voiles.

Lorsqu'un navire tourne sur lui-même vers la droite, on dit qu'il *abat*,
qu'il *vient* sur tribord ; vers la gauche, il *vient* sur *bâbord*.

Nul n'ignore qu'un cavalier, en portant à droite ou à gauche la main qui tient la bride, dirige de ce côté la tête de son cheval.

Les voiles du mât de misaine et le grand foc, dont la puissance sur le navire, ainsi que celle du mors sur le cheval, se produit à l'extrémité avant, rempliront le même office. Veut-on abattre sur *tribord*, tourner à droite, il faut *brasser bâbord* les vergues du mât de misaine, *border* le grand foc, tirer son *écoute* à bâbord; le vent, prenant obliquement sur la surface de ces voiles, poussera l'avant du navire vers la droite, vers *tribord*.

Quant aux voiles des mâts de l'arrière, situées en arrière du centre de gravité, agissant sur l'arrière du navire, elles remplissent la fonction de l'éperon sur le cheval; ainsi, pour tourner vivement à droite, le cavalier, qui porte de ce côté la tête de sa monture, pousse au contraire son arrière-train vers la gauche. Ainsi, puisque les voiles d'avant brassées *bâbord* poussent la proue vers *tribord*, vers la droite, celles de l'arrière brassées *tribord* pousseront l'arrière du navire vers *bâbord*, vers la gauche; l'avant étant poussé vers la droite, l'arrière vers la gauche, ces deux effets s'a-joutent, et le bâtiment pivote sur son centre.

*Aux bras de bâbord devant, tribord derrière!* — Tout se dispose pour exécuter ce mouvement. Au commandement de brasser, les vergues lourdes et légères tournent à la fois; les pointes de bâbord de celles de devant s'effacent vers l'arrière, et viennent presque toucher l'extrémité de gauche de celles du grand mât, qui, par un mouvement contraire, sont portées en avant; tout est prêt, l'ancre seule retient le vaisseau, et l'empêche d'obéir à ces savantes combinaisons. *Au cabestan! dérapez!* c'est-à-dire arrachez l'ancre dont le navire ne peut plus se rapprocher davantage. — Les hommes du cabestan font alors les efforts les plus grands; grâce à leurs muscles vigoureux, l'ancre s'arrache et bientôt est élevée jusqu'à l'*écubier*. Au moment où l'ancre est *dérapée*, le navire, libre de toute entrave, poussé par la brise, et obéissant à l'obliquité de ses voiles, décrit un cercle en reculant; bientôt il présente au vent le côté de bâbord et s'incline lourdement. Les voiles d'arrière, dont le plan se trouve dans l'alignement du vent, *battent, faseyent, ralinguent;* le navire continuant son *abattée*, son évolution, bientôt elles sont gonflées par la brise.

*Aux bras de tribord devant!* — On change entièrement l'obliquité des voiles du mât de misaine, rendues parallèles à celles du grand mât; à leur tour

elles reçoivent le vent *dans* leur sein. Le bâtiment, poussé en avant, cesse
son mouvement de recul circulaire, s'arrête, s'ébranle gracieusement, se
redresse et commence à fendre les flots.

Qui n'a maintes fois admiré dans une rade, sur un lac, sur une rivière
les mouvements croisés des embarcations qui, à l'aide d'une même brise,
se dirigent tantôt directement en sens contraire, tantôt convergent l'une
vers l'autre. Celle-ci est poussée évidemment vent arrière : elle n'incline
d'aucun côté; une autre s'avance perpendiculairement à la première; les
voiles de cette dernière, presque établies dans le sens de la longueur, la font
prodigieusement incliner; son plat-bord rase la surface de l'eau *sous le
vent*, tandis que de l'autre côté, la carène, presque entière, se montre aux
regards. Ainsi donc, chacun doit comprendre que le vent favorable n'est
pas seulement celui dont la direction va tout droit du point où l'on est au
point que l'on veut atteindre, circonstance rare et sujette à mille chances,
mais bien celui que l'on peut utiliser en le prenant obliquement, pour
arriver à sa destination.

Supposons donc, ici nous avons besoin de l'indulgence et de l'attention
de nos lecteurs, supposons qu'un navire veuille, avec des vents de nord, se
diriger vers l'est; la brise sera perpendiculaire à la route qu'il faut suivre;
du nord à l'est il y a un quart du cercle entier, 90 degrés, huit *rumbs de
vent, huit quarts*; la rose des vents en ayant trente-deux.

Le navire ayant appareillé a *abattu* de ces huit *quarts*, il a le *cap*, l'a-
vant tourné vers l'est; que les vergues soient placées dans la ligne intermé-

diaire entre la direction du vent et celle du navire, qu'elles fassent avec la quille un angle de *quatre quarts* et le navire va marcher ; en effet, le vent frappe dans l'intérieur des voiles et les gonfle; celles-ci poussent le navire obliquement, il est vrai, moitié en avant, moitié en travers, en *dérive;* mais la grande longueur des bâtiments, leur *pied dans l'eau* leur font éprouver de la part de la masse d'eau une énorme résistance à ce mouvement latéral, tandis que l'avant arrondi, étroit et fin, s'ouvre aisément passage, et le vaisseau, maintenu par une invincible résistance sur le côté, s'échappe, glisse en avant, n'obéissant qu'à la force qui le pousse dans cette direction; si les navires n'éprouvaient pas cette impossibilité de se mouvoir en travers, on ne les verrait pas se pencher sous l'effort de la brise; c'est le point d'appui que leur base trouve dans l'eau, tandis que la cime de leur mâture est poussée par le vent, qui les fait ainsi incliner.

On comprend aisément que puisque avec le vent du nord on peut courir vers l'est ou de l'autre côté vers l'ouest, tandis qu'on aurait vent en poupe, *vent arrière,* pour aller au sud, on aura le vent d'autant plus favorable que la route que l'on suivra, intermédiaire entre l'une des deux premières et le sud, se rapprochera davantage de cette dernière direction ; en général, lorsque la route à suivre fait un angle de *huit quarts*, est perpendiculaire à la ligne du vent, on a *vent de travers ;* dans toute autre direction, entre le vent de travers et le vent arrière, on est dit courir *vent largue.*

Peut-être a-t-on déjà conçu qu'il était encore possible de suivre une route moins éloignée que la perpendiculaire de la direction de la brise, naviguer *plus près du vent*? En effet, puisque la résistance de l'eau nous assure que le navire n'ira jamais en *dérive*, en travers, mais au contraire s'échappera en avant tant qu'il aura le vent *dans* ses voiles, obliquons davantage celles-ci, faisons leur faire un angle de trois *quarts* seulement avec la quille du navire, nos *gréements* nous le permettent ; plaçons le navire de façon que le vent frappe l'intérieur de nos voiles sous un angle de trois *quarts ;* elles seront encore assez gonflées, et le navire s'échappera dans une direction qui ne fera avec le vent qu'un angle de *six quarts ;* avec le vent du nord, il *gouvernera*, il se dirigera à l'est-nord-est en prenant le vent à *bâbord*, à gauche, ou bien l'ouest-nord-ouest en recevant la brise de *tribord ;* c'est ce que l'on appelle *courir une bordée*, naviguer *au plus près du vent*.

Lorsque l'on navigue ainsi, le vent de la gauche, de *bâbord*, on est dit *bâbord amures ;* car ce sont les *amures* (voyez LE NAVIRE) de ce *bord* qui *halent*, qui tirent les *points*, les coins des basses voiles en avant pour qu'elles reçoivent la brise ; par les raisons inverses, on est *tribord amures* quand le vent frappe le côté droit du vaisseau. Un vaisseau naviguant vent du travers, tantôt *tribord*, tantôt *bâbord amures*, parcourrait sans cesse la même ligne sans s'éloigner ni s'approcher du point d'où souffle le vent ; mais celui qui *court à six quarts*, au plus près, s'écarte de cette ligne en s'avançant un peu du côté du vent, il *gagne au vent ;* en courant plusieurs *bordées* tantôt *tribord*, tantôt *bâbord amures*, il aura pu se rapprocher d'un point qui se trouvait auparavant directement dans l'alignement du vent, c'est-à-dire au *vent à lui ;* c'est ce qu'on appelle *louvoyer*. On conçoit ainsi que, par une suite de zigzags, on finisse, résultat merveilleux ! par atteindre, au moyen du vent, un point d'où ce même vent souffle. André Doria, donnant ce spectacle à François I<sup>er</sup>, fut taxé de magie par les courtisans, et peu s'en faut que les personnes étrangères à la marine ne soient tentées d'attribuer ces mouvements à des causes surnaturelles.

Pour passer d'une amure à l'autre, pour recevoir alternativement la brise de l'un ou de l'autre côté, l'évolution que l'on doit faire s'appelle un *virement de bord*. Si le vent souffle, par exemple, du nord pour passer de la route à l'est-nord-est, bâbord amures, à l'ouest-nord-ouest, tribord amures, le navire peut tourner par la gauche ou par la droite ; on comprend facilement qu'à l'aide des voiles d'avant et du gouvernail, il tourne vers la droite en *arrivant* vent arrière jusqu'au *sud* et *loffant* ensuite à l'aide de ses voiles d'arrière jusqu'à l'ouest-nord-ouest. Cette manœuvre se nomme virer de bord vent arrière ; mais pour gagner beaucoup au vent, en chassant un navire, par exemple, nous verrons qu'il faudrait tourner vers la gauche, *virer vent devant.*

Mais nous avons quitté le port avec une brise favorable, nous courons *largue* vers la haute mer ; assez souvent, dans la traversée, l'inconstance des vents nous obligera à lutter de tous nos moyens contre leurs contrariétés ou leur furie.

L'ancre élevée hors de l'eau n'est pas restée suspendue à sa chaîne ; le *bossoir*, muni d'un fort appareil de *palan*, appelé le *capon*, sert à l'élever davantage, et une *caliorne* du mât de misaine sert à en relever les *pattes* sur le plat-bord du navire ; on la suspend dans cette position sur des *chaînes* faisant office de *bosses*, noms des cordes qui retenaient autrefois les ancres ; l'anneau qui termine les chaînes vient s'accrocher à des tenons placés sur une barre à bascule, appelée le *mouilleur ;* en le faisant basculer, les anneaux se décrochent, et l'ancre tombe.

Dans toutes les évolutions du navire, le gouvernail joue le rôle le plus important ; pendant que le navire est en marche, la *barre* emmanchée dans la tête du gouvernail est-elle poussée à tribord, le gouvernail se trouve obliqué vers bâbord du navire; les filets d'eau qui frappent la face gauche du gouvernail poussent l'arrière vers la droite, par conséquent l'avant se dirige vers la gauche; ainsi la barre à tribord fait *venir* le navire sur bâbord, et *vice versâ*; si le navire est immobile, l'effet du gouvernail est nul; si le navire recule, l'effet est inverse, car le gouvernail étant, par exemple, obliqué à gauche par la barre portée à tribord, les filets d'eau, par le recul du navire, frappent sa face de droite, poussent l'arrière à gauche, l'avant à droite, effet contraire du précédent.

Lorsqu'un bâtiment court, par exemple, vent de travers, si l'on supprime tout à coup les voiles de l'arrière, le navire, poussé obliquement par les voiles de l'avant seules, tournera en présentant la poupe au vent, il fera ce que l'on nomme une *arrivée,* il *arrivera*; si l'on supprime au contraire les voiles du beaupré et du mât de misaine, l'arrière sera poussé sous le vent par l'effort de ses voiles, l'avant se rapprochera du *lit,* de la direction de la brise, le navire *loffera,* fera une *auloffée.* Le gouvernail, qui n'a besoin pour agir que de la vitesse du bâtiment, pourra, suivant la position qui lui sera donnée, faire *loffer* ou *arriver,* et combattre les tendances du navire à l'un ou l'autre de ces mouvements; quand la voilure est bien *balancée,* le gouvernail n'a besoin d'entrer en action que rarement pour maintenir le bâtiment en bonne route.

Puisque le sort nous favorise, établissons nos modernes *bonnettes* (voyez LE NAVIRE), sur le côté des autres voiles, du *bord*, d'où souffle le vent; le navire est surmonté d'une pyramide de toile, qu'on s'étonne de voir corps ras et allongé supporter en équilibre; son étrave baigne dans une écume perpétuelle qu'elle fait jaillir de tous côtés. *Oh! comme le vaisseau est beau sous voiles!* dit la chanson du marin. Il roule lentement et s'avance avec majesté d'un mouvement uniforme; la vitesse qui l'anime semble émaner de lui-même, ce ne sont pas les bras des rameurs haletants ni la monotone régularité d'une machine qui le poussent; les voiles ne l'entraînent que parce qu'il a en lui-même, dans les formes de sa carène, dans l'appui qu'il trouve sur l'eau le moyen d'en supporter l'effort; c'est un admirable composé de mille parties, c'est une unité complète, un harmonieux individu.

Au moment où le bâtiment a mis sous voiles, chacun a éprouvé un sentiment de bonheur d'être délivré des insupportables tracas qui absorbent les derniers moments d'un départ; cependant, la côte s'éloigne, la brume en pâlit les teintes et ne laisse bientôt plus apercevoir à sa place qu'une ligne indécise sur le ciel. L'amer parfum de l'Océan, l'air salin dont la brise est chargée, vous pénètre peu à peu de son âcre humidité. Les ombres du soir s'abaissent sur une mer terne et houleuse. Le tumulte des manœuvres a fait place au repos. Le silence n'est troublé que par les gémissements du vent dans les voiles, les craquements de la mâture et des bordages du navire; à peine un bref commandement rappelle-t-il l'existence de l'équipage isolé au milieu de l'immense étendue qui l'environne. Alors, seul avec lui-même, en pensant à tant de liens brisés, à sa destinée enchaînée dans cet étroit vaisseau, à l'oubli surtout qui va l'envelopper comme la brume a voilé la terre, à cette mer dont chaque vague devient un nouvel obstacle à son retour, à ces flots qui se refermeront sur lui peut-être, le voyageur se sent pénétré de tristesse et d'une mélancolie sombre comme la nature qui l'entoure.

Si le découragement atteint quelquefois le marin endurci lui-même, n'est-il pas permis, à plus juste titre, au navigateur novice, à l'infortuné passager? A ses peines morales s'ajoutent, en les décuplant, des souffrances physiques intolérables. Les oscillations du navire, le *tangage* et le *roulis*, font éprouver à presque tous les hommes qui les subissent pour la première fois, un mal cruel, le *mal de mer*. Lorsque le navire, mollement balancé par une mer douce, roule lentement d'un bord sur l'autre, cette espèce de bercement paraît d'abord peu désagréable; mais lorsqu'il court obliquement à la lame, que tantôt son étrave s'élève sur la crête de l'une d'elles, puis descend rapidement dans le creux qui le suit, pour ne s'arrêter que par une brusque secousse, lorsqu'il *tangue* en un mot, c'est l'épreuve la plus cruelle pour les cœurs inexpérimentés.

A bord d'un bâtiment de guerre, à moins qu'il ne transporte des troupes, quelques conscrits seulement sont atteints de ce mal, pour lesquels les matelots sont sans pitié. Le pauvre diable qui *compte ses chemises*, expression consacrée, est l'objet de tous les lazzi, et ses supérieurs ne l'obligent pas moins à travailler à la manœuvre. Du reste, l'agitation et le grand air sont le meilleur de tous les remèdes. Au bout de quelques heures, l'apprenti marin a oublié ses souffrances, tandis que le passager, étendu sur sa couchette, gémit pendant plusieurs jours et même quelquefois pendant toute la traversée.

Cependant, le jour s'avance; avant que la terre disparaisse tout à fait, on la *relève* au *compas*, c'est-à-dire qu'on observe la position, à l'aide d'une boussole, des points et des caps les plus remarquables; leurs *gisements* ainsi observés sont reportés sur la carte marine, et déterminent le point de départ du navire. A partir de cet instant, on commence à *estimer*, à mesurer la route.

Pour cela, on jette le *loch* toutes les demi-heures. Le *loch* se compose simplement d'un objet flottant auquel est attachée une *ligne* ou corde mince; on jette le flotteur à la mer, on a soin de le laisser immobile en facilitant l'écoulement de la ligne, et la quantité qui en a été *filée* dans un temps donné indique la vitesse du bâtiment; c'est comme si un cavalier attachait à un arbre le bout d'une ficelle dont il conserverait la pelote; en partant au galop et la laissant se dévider, il mesurerait par la quantité de ficelle déroulée dans tant de secondes, l'espace qu'il parcourrait en une heure au même train. Quelque soin que l'on prenne, jamais le flotteur n'est aussi rigoureusement fixe qu'un arbre; on parvient cependant à lui donner une stabilité très-grande par sa forme. Ce corps flottant, le *bateau-de-loch*, est un morceau de planche taillé en forme de triangle; un de ses bords est chargé de plomb, pour qu'il se tienne droit dans l'eau; trois bouts de ligne partant de ses angles viennent se réunir en un seul, la *ligne de loch*, et, formant ainsi la *patte d'oie*, tiennent le *bateau* dans un plan perpendiculaire à la ligne de loch, à laquelle il oppose ainsi une forte résistance; car personne n'ignore la difficulté qu'il y a à mouvoir une planche dans l'eau perpendiculairement à ses faces planes. Quand on veut ramener à bord le bateau-de-loch, une forte secousse fait échapper de l'espèce de bobine placée sur la ligne la cheville de bois qui tient à deux des bouts de corde placés aux angles du bateau; la patte d'oie est ainsi défaite, le bateau-de-loch, tenu par un seul angle, se pose *à plat* sur l'eau et n'offre plus aucune résistance; on le ramène aisément à bord; la cheville et le cylindre où elle s'enchâsse ont reçu des marins des noms dont les peuples primitifs sont prodigues, mais qui sont de trop haut goût pour trouver place dans un livre écrit pour des civilisés.

Le temps de l'expérience sur la vitesse du navire est ordinairement de trente secondes, cent vingtième partie d'une heure; on la mesure au moyen d'un sablier. La *ligne-de-loch* est divisée en *nœuds*, longueur de quarante-sept pieds, cent vingtième partie d'un mille.

Autant l'on file de *nœuds* pendant la cent vingtième partie d'une heure, autant le navire parcourt de *milles* marins dans une heure.

Lorsque le bâtiment court vite, on ne fait durer l'expérience que quinze secondes, et l'on double alors le nombre de nœuds filés pour avoir celui des milles.

Le mille est le tiers de la lieue ; on compte vingt lieues pour chaque *degré* de la terre, et la circonférence de la terre est de trois cent soixante degrés pareils. La quarante millionième partie de cette circonférence est le *mètre*, base du système des mesures adoptées en France. N'est-ce pas une idée noble et grande que d'avoir cherché dans la plus vaste dimension de la nature terrestre l'invariable étalon de nos mesures et de nos poids? C'est encore une des gloires de notre patrie.

Cependant la nuit s'approche; on fait l'appel *aux postes de combat*. Cette formalité s'accomplira chaque soir. La force réelle d'un navire consiste surtout dans l'entente parfaite que chaque homme doit avoir de ses fonctions; autrement, comme nos devanciers de la république, nous prodiguerions un sang généreux pour de stériles lauriers; l'ordre, autant que le courage, est une des conditions du succès.

A six heures, le service est réglé pour la nuit : une moitié de l'équipage va chercher dans ses hamacs, que berce mollement le roulis, le repos nécessaire pour résister aux fatigues et aux veilles; l'autre fraction, l'autre *bordée*, reste sur le pont jusqu'à minuit. On allume dans les batteries et l'entre-pont les fanaux que surveillent sans cesse des factionnaires; le fanal de la *consigne*, placé à l'arrière de la batterie, éclaire par un trou percé dans le pont supérieur l'intérieur de l'*habitacle*, boîte où repose la boussole, près de la roue du gouvernail; la rose des vents, transparente, en est illuminée, et l'homme de *barre*, le timonier qui manœuvre, suit ainsi, avec autant de facilité que dans le jour, les oscillations de la route du navire qu'il doit sans cesse rectifier.

*Les gens de quart à l'appel!* — A ce commandement, les matelots se groupent par équipages de canon; chacun des chefs de pièce rend compte à l'élève de service de la présence de ses hommes; l'officier de quart fait placer des sentinelles partout où est entretenue une lumière; en outre, deux hommes sont de veille à l'avant du vaisseau, *aux bossoirs*; leurs regards, constamment fixés en avant, épient chaque vague que le navire doit traverser. Nombre d'écueils incertains parsèment la surface des mers; il faut que l'homme de vigie, habitué dès longtemps à l'aspect des lames, ne s'alarme pas d'une vaine apparence de *brisants*, et qu'en même temps son indécision n'expose pas le bâtiment à se perdre sur un danger véritable.

Ce n'est pas seulement contre l'apparition inopinée d'écueils inconnus qu'il faut être en garde; les *abordages*, les chocs de navire à navire, sont plus fréquents qu'on ne croirait, et non moins redoutables. De l'épaisse nuit qui vous entoure on voit surgir tout à coup une masse chargée de voiles; la distance entre des bâtiments à *contre-bord*, à route opposée, est bientôt franchie; de l'indécision, une erreur de coup d'œil peut amener le plus terrible sinistre.

Les dangers des abordages sont plus grands dans certains parages très-fréquentés, et surtout vers les terres environnées de brume. Dans les escadres nombreuses, si tous les bâtiments n'apportent pas aux signaux une attention égale; si un des fanaux qui servent à composer un des numéros d'ordre de la tactique est caché par le mât aux yeux de quelques navires, les mouvements, diversement compris, peuvent amener de graves accidents et entraîner la perte de l'armée la plus habile, la plus brave, lorsqu'ils ont lieu en présence de l'ennemi. Ainsi, lorsque la brume enveloppe les navires de sa tenace obscurité, tous les moyens de s'avertir d'une proximité périlleuse sont mis en usage : les cloches, les tambours, les clairons, les sifflets, fournissent, par la combinaison de leurs sons divers, les moyens d'apprécier à peu près la distance où l'on se trouve. Sur le banc de Terre-Neuve, dans la saison de la pêche où plus de mille navires se donnent rendez-vous et restent les uns à l'ancre, les autres à la voile, les brouillards épais de ces régions froides exigent des navigateurs les plus grandes précautions.

Par une nuit sombre, un bâtiment de guerre traversait avec une brise favorable le parallèle où se tiennent les pêcheurs ; l'atmosphère était si brumeuse, qu'à peine de l'arrière du navire pouvait-on voir le mât de misaine. Le bâtiment, sous toutes voiles, filait *neuf nœuds*, trois lieues à l'heure ; on observait à bord le plus grand silence ; les matelots, assis auprès des bras des écoutes, étaient prêts à les manœuvrer instantanément. A chaque demi-heure, un coup de canon avertissait au loin de son approche ; de cinq en cinq minutes, une amorce perçait la brume condensée de son rouge éclat ; au milieu de la course du vaisseau, on entendait parfois tout d'un coup le son d'une trompe plaintive presque sous le beaupré. La barre au vent ! Le bâtiment arrivait, en passant, à toucher la poupe d'un navire pêcheur dont la sombre masse, à peine visible un instant, se voilait de nouveau, et le bâtiment continuait sa route hasardeuse qu'éclairaient les lueurs mêlées des fanaux, des artifices et de l'écume phosphorescente de la mer.

Outre les dangers de l'abordage entre bâtiments, du naufrage sur les écueils, dans les temps de guerre ou de paix douteuse, la nuit peut amener des méprises fatales.

Après le glorieux combat d'Algésiras, rade voisine du détroit de Gibraltar, où l'amiral Linois, à la tête de quatre vaisseaux et une frégate, avait défait l'escadre de sir James Saumarez, forte de six vaisseaux, dont l'un resta au pouvoir des vainqueurs et les autres furent très-maltraités, l'escadre espagnole de Cadix vint faire sa jonction avec la division française. L'amiral Moreno comptait, parmi ses vaisseaux, deux trois-ponts magnifiques, le *Real-Carlos* et la *Sainte-Herménégilde*, armés chacun de cent vingt canons. L'escadre combinée franchit pendant la nuit le détroit de Gibraltar ; les équipages et les états-majors de ces vaisseaux étaient animés du plus ardent courage, mais ils n'avaient jamais fait campagne, et la manœuvre s'en ressentit. De nombreux croiseurs anglais, ralliés à Gibraltar à la nouvelle de la défaite de sir James Saumarez, n'avaient osé s'opposer de vive force au passage de l'escadre, mais ils la harcelèrent continuellement. Dans son désordre solennel, l'un d'eux, le vaisseau *le Superbe*, s'avança sans qu'aucun bruit, aucune lumière trahît sa marche ; arrivé entre les deux trois-ponts espagnols,

il lâcha à la fois ses deux bordées et continua sa route silencieuse. Les Espagnols, surpris, se jetèrent à leurs pièces, et, sans remarquer la disparition
du *Superbe*, commencèrent le feu au hasard, se prenant l'un l'autre
pour l'ennemi. Jamais combat plus terrible n'illustra la valeur castillane :
épuisés, déchirés par les boulets, furieux d'une résistance obstinée, ils en
viennent enfin à l'abordage ; ils espèrent, par un combat corps à corps,
laver leurs affronts, justifier l'espoir de la patrie qui leur a confié ses deux
plus beaux navires ! Au moment de s'élancer, ils n'entendent de part et
d'autre que des voix espagnoles ! Leurs bras désespérés laissent tomber leurs
armes ! Ils ont égorgé leurs compagnons, leurs frères ! Ce n'est pas tout !
l'incendie a gagné les deux vaisseaux ! Il est trop tard pour combattre cet
ennemi plus redoutable ; bientôt les deux colosses sautent en l'air et la mer
est au loin couverte de leurs misérables débris. Sur deux mille quatre cents
hommes d'équipage, à peine en put-on sauver deux cents ! Le bruit de ce
fatal combat retentit dans toute l'Espagne ; le désastre de ces deux puis-
sants navires commença à ébranler l'influence française : l'étoile impériale
ne parut aux patriotes qu'un astre de malheur et de deuil.

Pendant le dernier blocus du Mexique, le brick de guerre *le Griffon*
croisait sur les côtes de Cuba ; le bruit courait à la Havane que des corsaires,
pourvus de commissions mexicaines, étaient armés aux États-Unis pour
piller les bâtiments du commerce français ; on annonçait, entre autres, que

des bateaux à vapeur devaient faire une abondante rafle de nos navires
marchands. Vers le soir, le brick aperçut un *vapeur* qui *gouvernait*
droit en son travers; le commandant fit aussitôt faire toutes les dispositions de combat. Arrivé à portée de voix, il cria au vapeur de s'arrêter;
mais celui-ci, sans en tenir compte, vint aborder le brick de long en long,
et lui cassa ses *boute-hors* de *bonnettes*; aussitôt le feu fut ordonné : cinq
boulets crevèrent les flancs du *steamer* et ravagèrent sa machine, qui s'arrêta aussitôt. Le brick, dégagé, se mit en bonne position et héla de nouveau
le bâtiment : c'était la frégate à vapeur *la Medea*, montée par le commodore anglais Douglas, qui, dit-il, ne voulait qu'apporter des nouvelles de
l'amiral français; il avait mal pris ses mesures pour *approcher du brick*. Il
parut probable à des témoins de l'aventure que, si la machine n'avait pas été
détraquée, les Anglais auraient riposté, et qu'il s'en serait suivi un combat
fort inégal.

Au seizième siècle, une méprise semblable causa une guerre entre le
sultan Soliman et la république de Venise. Le provéditeur Jérôme Canale
escortait avec douze galères un convoi de navires marchands sur les côtes
de Syrie; il aperçut dans la nuit une escadre de galères qu'il prit pour des
corsaires barbaresques. Les Vénitiens firent des signaux auxquels les
étrangers ne répondirent pas; le provéditeur ouvrit le feu, et, après une
lutte acharnée, s'empara des galères ennemies qui se trouvèrent apparte-
nir à Soliman, avec lequel la seigneurie était en paix; moins accommodant
que les modernes, le fier ottoman exigea des réparations auxquelles la superbe république ne voulut pas se soumettre, et tous deux en appelèrent au
jugement de Dieu.

Attentif à toutes les circonstances extérieures, l'officier de quart ne doit
pas apporter moins d'intérêt à l'ordre intérieur du navire; il s'assure à
chaque instant en regardant la boussole que l'on suit bien le *rumb de vent*,
la direction prescrite. Le second maître de timonerie de quart est particulièrement chargé de ce service; c'est aussi lui qui fait *piquer* les heures
sur la cloche.

Chaque demi-heure est toujours suivie de l'opération de jeter le loch;
le timonier de quart vient en rendre compte à l'officier.

Le maniement de la barre est fatigant, surtout lorsqu'il fait gros temps;
on double alors le nombre des hommes qui manœuvrent la roue : c'est une

spécialité qui demande une grande habitude et un tact dont tous ne sont pas doués. L'habileté d'un timonier qui sait, par de légers mouvements du gouvernail, maintenir le vaisseau en droite route, assure souvent, dans une chasse, la supériorité d'un bâtiment. Il fait beau voir un de ces hommes rompus au métier, dont l'instinct se décèle dans son regard vif et perçant, solidement établi sur ses deux pieds, inébranlable dans toutes les secousses du bâtiment, l'œil constamment dirigé de la boussole à l'avant du navire, dont il saisit sur le ciel la moindre déviation, arrêter par des mouvements délicats, mais rapides, du gouvernail, les tendances du navire à changer sa direction.

A la fin de chaque heure, les hommes de vigie viennent sur le gaillard d'arrière lui annoncer : *Rien de nouveau au bossoir*. Ce que quelques passagers naïfs prenant pour : Rien de nouveau, bonsoir! s'extasient de cette politesse familière. Les quartiers-maîtres calfats, charpentiers, canonniers, viennent également à chaque heure rendre compte de leur ronde dans toutes les parties du bâtiment. Quelquefois le calfat dira : « Rien de nouveau ! seulement nous avons fait huit pouces d'eau dans la première heure ; il faut que quelque *bordage* soit *largué, décloué!* » Le canonnier : « Rien de nouveau ! excepté que dans un coup de roulis les boulets de la batterie haute sont tombés de leur parc, et, de là, par le panneau, dans le hamac de tel numéro, qui a eu les côtes enfoncées ! » Les hommes de vigie : « Rien de nouveau ! je crois bien voir des brisants droit devant nous, et pas loin encore ! »

Quoi qu'il en soit, le premier membre de la phrase est toujours : *Rien de nouveau!* Aussi faut-il, sans s'arrêter à cette précaution oratoire, prêter le plus d'attention aux phrases incidentes. Fixé par ses propres yeux sur la vérité de tous les rapports, l'officier de quart obvie aux accidents quelconques ; s'ils sont d'une nature trop sérieuse et compromettante pour le salut du navire, il en fait prévenir le commandant et le second ; du reste, il surveille constamment la voilure, examine si elle est bien disposée pour la marche ; il en modifie l'orientation en faisant brasser d'un côté ou de l'autre, suivant que les vents deviennent plus ou moins favorables, *adonnent* ou *refusent*. Les voiles, bien gonflées jusque-là, viennent-elles tout à coup à battre ou à être masquées, le vent refuse : il faut orienter, obliquer davantage les vergues. C'est toujours un mouvement de mauvais augure ; car une fois que l'on arrive à être orienté le plus possible, à naviguer au *plus près*, si le vent refuse encore, on ne pourra plus gouverner en route, la traversée sera ainsi considérablement prolongée.

Nous avons vu un brick sortir de la Manche avec un joli temps, les vents de l'est; le bâtiment courait le cap au sud-ouest. Vers le soir, la brise *hala*, rallia le sud-est, puis le sud; après avoir orienté au plus près bâbord amures avec ce dernier vent, la route au sud-ouest n'était plus possible; on ne pouvait porter qu'à l'ouest. Enfin, les vents étant devenus une véritable tempête, il fallut, malgré la nécessité de s'éloigner de la côte, prendre tous les ris des huniers. Cette manœuvre, si souvent répétée dans la navigation, nous est presque connue déjà. Nous avons vu, dans l'arsenal, à la voilerie, poser aux huniers ces bandes garnies de *garcettes* de tresse, qui forment une nouvelle envergure à la voile en étouffant toute la toile qui se trouve au-dessus. Mais c'est dans une position semblable, à la lueur des éclairs, sous des torrents d'eau, par un vent forcé, qu'elle est réellement pittoresque. Le hunier a été *amené*, descendu à son poste de repos; les cordages qui passent à l'extrémité des vergues, les *palanquins*, ont servi à amener les extrémités de la bande de ris aux bouts de la vergue; les matelots se répandent sur le hunier; de chaque bord, un gabier d'élite va se placer à cheval à l'extrémité, et, balancé au milieu des tempêtes de l'air et des flots par les brusques secousses du roulis, à cheval sur une pièce de bois mince, sans aucune corde pour se retenir, il saisit cependant des deux mains l'*empointure* qui sert à tendre la bande de ris par ses extrémités, et emploie toutes ses forces à en amener la *cosse*, l'œillet de fer, sur la vergue; les autres prennent les deux bouts des garcettes et les attachent par-dessus la vergue, étreignant ainsi toute la toile située au-dessus de la bande de ris. Cependant le hunier bat sous l'effort capricieux du vent; plus d'une fois les secousses de la voile arrachent de leurs mains roidies de froid les cordes qu'ils allaient amarrer; enfin, ils sont parvenus à s'en rendre maîtres, et le hunier, diminué de moitié, est présenté de nouveau aux fureurs du vent.

La tempête augmente de force; le bâtiment, chargé de toute la voile qu'il pouvait porter, poussé en derrière par la mer sur la côte de Cornouailles, arriva en vue du cap Lands'end, pointe occidentale d'Angleterre. Ce fut un moment critique que celui où le faible navire, incliné sous l'effort de ses basses voiles et de ses huniers, diminués de tous leurs ris, plongeant sa poulaine dans des *lames* énormes qui semblaient y rester ensuite suspendues, longeait à quelques milles seulement une barrière de rochers dont le rapprochait sans cesse une mer *démontée*. La moindre *avarie* des mâts, en diminuant la vitesse du navire, le mettait dans l'impossibilité d'échapper à sa perte. L'horizon, noir et balayé par des rafales de vent et de pluie, n'était éclairé que d'un côté par la lueur du phare et les éclats phosphorescents des brisants du rivage; enfin, la dernière pointe fut doublée; une mer libre s'ouvrit devant le navire, qu'on allégea de son surcroît de toile, et qui, délivré de cette tension excessive, flotta légèrement sur les lames qui l'inondaient; jamais manœuvre ne fut exécutée avec plus d'empressement et d'allégresse. Malgré l'aspect formidable du ciel, les vagues n'ont rien d'effrayant pour le marin qui les brave depuis son enfance; mais la perspective d'être broyé sur ces rochers épouvantables faisait pâlir les plus courageux.

Cependant, le premier quart s'est écoulé sans aucun de ces événements imposants et critiques. A minuit, l'officier de quart fait monter l'autre partie de l'équipage, l'autre *bordée;* une fois l'appel fini, la première se précipite en bas pour aller goûter dans les hamacs quatre heures de repos qui lui reviennent sur les vingt-quatre heures de la journée.

Le chef du quart a remis le service à son collègue; il a eu soin, avant de le quitter, de lui donner tous les renseignements possibles sur la route prescrite par le commandant et toutes les circonstances extérieures qu'il a pu remarquer. Le nouvel officier, qui souvent a besoin de se réveiller, fait quelques tours rapides sur le gaillard d'arrière; puis il s'informe du timonier si le navire *gouverne* bien; c'est-à-dire, si le gouvernail n'est pas trop souvent en action pour le maintenir en route, s'il est *lâche* ou *ardent. Lâche* ou *mou,* si, par l'effet supérieur des voiles de l'avant, le navire, tiré par le nez, tend sans cesse à se rapprocher du vent arrière, à *arriver; ardent,* si, au contraire, éperonné par sa brigantine, et ses voiles de l'artimon et du grand mât, il tend à effacer son arrière, à présenter de plus en plus sa proue vers la direction du vent, et bientôt, sans le pouvoir du gouvernail qu'on y oppose, à faire battre ses voiles et même les masquer. Il perfectionne l'*orientation,* l'installation des voiles. Le vent vient exactement du travers; le navire, incliné légèrement, ouvre à la brise les basses voiles, les huniers, les perroquets et même les hauts et légers cacatois, le triangulaire grand foc au beaupré, l'irrégulière brigantine au mât d'artimon. La brise fraichit! les drisses des voiles légères font crier leurs poulies; les vergues élevées s'arquent malgré les bras qui en retiennent les extrémités. Il faut se débarrasser des cacatois: en un clin d'œil, les gabiers, habituellement dans la hune, se rendent en haut du mât, et ramassent ces voiles légères. Cependant, un nuage paraît à l'horizon; au lieu de s'élever au-dessus comme ceux qui l'ont précédé, il s'étend sans en être détaché. Il envahit bientôt la moitié du ciel; les filets échevelés des vapeurs qui le composent indiquent, par leurs mouvements, qu'il recèle un vent impétueux: c'est un *grain!* L'officier, monté sur la dunette.ou sur le *banc de quart,* étudie avec soin la physionomie du nuage; il cherche à distinguer si l'écume de la mer se soulève et fouette à son passage, ou si de la pluie seule obscurcit ainsi le ciel. Il doit se garder d'une hâte trop grande à diminuer de voiles, ou d'une hésitation trop prolongée; toutefois, pour n'être pas surpris, il dispose tout son monde d'avance.

*Range à carguer les perroquets et la brigantine!* — Au coup de sifflet qui suit ce commandement, le silence s'anime, le vide du navire se peuple; les

25

matelots accourent de toutes parts, et se *rangent* sur les *cargues-points* et *cargues-fonds* de ces voiles ; l'un d'eux tient à la main la *drisse* qu'il faudra *lâcher*, et deux autres sont prêts de même à *filer* les écoutes qui retiennent la voile tendue par ses angles !

Un air humide et pénétrant arrive à bord ; au milieu du silence, un bruit vague annonce l'agitation des éléments ; décidément c'est un *bon grain !* — *Carguez !* A l'instant même, les drisses, les écoutes sont carguées ; les perroquets s'enlèvent comme des ballons, mais la toile flottante est bientôt étreinte par les cargues ; la brigantine est relevée par elles le long de sa corne et des mâts.

A peine cette manœuvre est-elle terminée à la hâte, que le grain arrive à bord ; sa violence dépasse toutes les prévisions ; des traits de pluie horizontaux, en grains de grêle, étourdissent morts les marins ; le navire incline outre mesure, les mâts craquent ! *Aux drisses des huniers !* commande l'officier d'une voix de tonnerre qui domine les hurlements du vent.

*Au hale-bas du grand foc !*

*Un homme à l'écoute de grand'voile !*

*Amène les huniers !*

Les drisses des huniers (nos anciennes voiles *trinquets de gabie*) ont été larguées ; les vergues descendent, et les huniers arrondis diminuent ainsi considérablement la charge de la mâture. Le grand foc, voile toujours utile au navire, devient dangereuse pour le mât de beaupré et son *bout-dehors ;* on le *hale-bas,* c'est-à-dire, on le fait descendre le long de la *draille ;* il ne forme plus qu'un paquet de toile flottant au bout du beaupré. Cependant, le vent, toujours furieux, charge encore davantage le bâtiment. Les huniers, amollis et détendus par l'abaissement de leurs vergues, battent à tout arracher ; les mâts craquent ; il faut venir vent arrière pour tout débrouiller. *Laisse arriver !* dit l'officier au timonier. Celui-ci place la barre du côté du vent. *File l'écoute de grand'voile !* L'écoute qui tient le point arrière de la grand'voile est lâchée. Le navire, soulagé, poussé par son gouvernail, tourne et présente sa poupe au vent dont la force sensible est diminuée de toute la vitesse du bâtiment qui en suit la direction.

Mais le nuage a passé ; le ciel est redevenu serein ; la brise a repris son cours ordinaire, on revient en route. On rétablit toute la voilure qu'il faudra peut-être bientôt soustraire de nouveau.

C'est particulièrement avec les vents du nord-ouest, dans l'hémisphère septentrional, et du sud-ouest, dans l'autre hémisphère, que ce passage rapide d'un beau temps à un grain furieux est le plus fréquent et le plus tranché ; ce qui n'empêche pas les mêmes circonstances de se présenter avec toute sorte de vents.

Le grain est un petit drame perdu où se déploie néanmoins tout le mérite des acteurs, surtout pendant la nuit ! Le son de la voix qui commande, l'empressement de ceux qui se rendent à leur poste, l'accent des ordres dans les moments de crise, le degré de sang-froid des marins qui les exécutent, suffiraient pour faire juger un officier, un équipage, une nation !

C'est par l'habitude de l'ordre, du calme, du sang-froid contracté dans de petites occasions fréquemment répétées qu'un homme de mer devient capable de conserver toutes ses facultés, de ne s'effrayer d'aucune chance, d'aucun événement dans les plus redoutables crises d'un combat.

Souvent la brise augmente avec régularité et lenteur ; elle commence par être *jolie* brise, fraîchit et devient *bonne,* puis *forte* brise, enfin brise *carabinée.* Lorsqu'elle suit cette marche progressive, on conserve les voiles le plus longtemps possible, c'est le cas où, suivant l'expression des marins, on *torche de la toile ;* alors un navire vent arrière garde toutes les voiles qu'il portait au commencement. En vain les cacatois gonflés font-ils plier la flèche des mâts; en vain les bonnettes courbent-elles en cercle comme un jonc les vergues aux extrémités desquelles elles sont suspendues, les secousses seules sont à craindre, et toutes les cordes roidies progressivement résistent avec un ensemble qu'il faut craindre de déranger.

Mais les vaisseaux qui naviguent avec le vent du travers ou à peu près ont besoin de plus de précautions. Quand la brise est *bonne*, on prend un ris aux huniers; quand elle est *forte*, on serre les perroquets, le grand foc et la brigantine; pour une brise *carabinée*, il faut prendre le second ris de huniers, et parfois serrer la grand'voile. Enfin, si elle augmente encore, c'est un coup de vent déclaré. La question alors n'est plus de faire route, mais de se mettre en position d'essuyer sans avaries les assauts redoublés des lames et des vents. Toutes les voiles sont serrées, à l'exception du grand hunier, dont on prend les trois ou quatre ris; du *petit foc*, au beaupré; et de l'*artimon de cape*, forte voile aurique qui remplace la brigantine; dans cet état presque immobile, le vaisseau présente obliquement sa proue à la mer, il est *à la cape*. Dans cette position, les lames déferlent impunément sur lui; il s'élève légèrement sur leur crête. Au moment où il tombe dans un creux, son hunier, toujours gonflé, l'empêche de s'incliner du côté du vent; et quand la lame furieuse se précipite sur lui, il se penche doucement du côté opposé à la masse d'eau qui l'enlève, et reçoit ses torrents impuissants sur les formes arrondies de sa carène de cuivre.

Aussi, dans les grandes mers, où le développement des vagues n'est arrêté par aucun obstacle, le bâtiment d'une bonne construction peut, avec sécurité, défier les tempêtes les plus violentes ; mais, dans des mers resserrées, durant ces ouragans où les vents, déchaînés à la fois de toutes parts, fouettent la mer dans toutes les directions, la surface de l'océan, bouleversée, ne présente que des précipices, des abîmes irréguliers. Le navire qui descend du sommet d'une lame n'a pas le temps de se relever, qu'une autre vient se briser sur le pont, balaye tout ce qu'elle trouve, hommes, chaloupes, mâtures, défonce le bord, et, le chargeant outre mesure, ne l'abandonne harcelé, brisé, que pour revenir lui livrer un nouvel et dernier assaut ! Peut-être alors faut-il, plutôt que de rester à la cape, exposé aux coups d'une mer désordonnée, courir vent arrière, *fuir devant le temps*. Cette dernière ressource devient chaque jour moins usitée ; c'était presque le seul mode par lequel les anciens navigateurs pouvaient se soustraire aux dangers des tempêtes, car leurs vaisseaux, sans être des barques, comme quelques-uns le supposent, n'avaient pas, pour lutter contre un coup de vent, les qualités qui manquent même à un grand nombre de navires de nos jours. Aussi, dans un ouragan qui promena ses fureurs dans les Antilles et le golfe du Mexique, les bricks de guerre français *le Laurier*, *l'Éclipse*, *le Dunois*, *le Fabert*, en fournirent des exemples variés. *Le Fabert* a disparu ; sans doute il a été englouti, il a *sombré en mer*. *Le Laurier* essaya de tenir la cape ; la violence du vent était telle, qu'il perdit toutes ses voiles et *resta à la cape à sec de toile ;* les lames *courtes* et à pic le tourmentaient effroyablement ; enfin, deux lames successives, plus rapprochées, plus fortes que les autres, déferlent sur son pont, le surprennent avant qu'il ait pu s'élever sur elles, et le jettent sur le côté. Une partie des hommes de quart est enlevée par la lame ; les boulets et les chaînes, sortant de leurs puits dans la cale par l'inclinaison du bâtiment, blessent, tuent des hommes dans l'entre-pont ; le navire, chaviré, engagé, allait disparaître lorsque, heureusement, les deux mâts cassent à la fois ; soudain, le bâtiment se relève, et, sous les débris de sa mâture, s'enfuit au gré des lames. *L'Éclipse*, presque engagé comme *le Laurier*, ne réussit à prendre le vent arrière qu'en coupant son grand mât, et fit route avec son seul mât de misaine. *Le Dunois*, alors mieux avisé, ou plus heureux, avait, dès le commencement, fui devant le temps *à mâts et à cordes*, c'est-à-dire sans voiles, l'ouragan les eût dévorées, et ne fit aucune avarie. Mais, par une fatalité terrible, quatre ans après, au mois d'août 1842, lors d'un ouragan semblable, dans les mêmes parages, ce bâtiment a été perdu, *corps et biens*. Cent hommes pleins de vie, de jeunesse, de dévouement, sont engloutis en une seconde ; et la patrie au service de laquelle ils ont péri n'a pas un marbre consacré à leur mémoire ! Le monde n'a pas un instant à donner à leur souvenir !..

Malheureusement, de pareils sinistres ne sont que trop fréquents parmi les petits bâtiments de la flotte, bricks et goëlettes ; mais il n'en est pas de même des vaisseaux et des frégates. A l'exception de ces ouragans qui bouleversent la nature et qui sont heureusement assez rares, les *gros temps* sont peu redoutables pour ces vastes et solides navires. Plus d'une fois la frégate est à la cape, qu'on ne s'en doute pas dans l'entre-pont et le *carré* (le salon des officiers). Les matelots jouent au loto ; les officiers, aux échecs ; les uns lisent, d'autres écrivent, quelques-uns font de la musique pendant qu'on s'occupe sur le pont à prendre le dernier ris du grand hunier.

A quatre heures du matin a lieu le dernier changement de quart de la nuit. La *bordée* qui a été de service de six heures à minuit est rappelée sur le pont après ce court repos ; un autre officier vient prendre le commandement pour les quatre heures suivantes, que l'on nomme le *quart du jour*, car c'est presque toujours dans cet intervalle que le soleil se lève, hormis dans les hautes latitudes, où il est déjà sur l'horizon en été, et où il ne paraît que plus tard en hiver.

C'est pendant ce quart que l'on commence les travaux de propreté du bâtiment, le lavage du pont. A six heures, les tambours battent la diane, les clairons sonnent ; tout le navire s'éveille. Les matelots, descendus précipitamment de leurs hamacs, les *transfilent*, les serrent en longs rouleaux, et se rangent dans les batteries et entre-pont auprès des échelles des panneaux ; cinq minutes après, ils montent en ordre au bruit d'une marche militaire et se placent par numéro le long des bastingages, les *pavois* des anciens navires ; le dedans du bastingage est creux, et c'est là que les gabiers mettent les hamacs se recouvrant à moitié ; c'est le *branle-bas* du matin ; une fois terminé, un roulement annonce le déjeuner.

Chaque *plat* de sept ou neuf hommes se rassemble à son poste et détache un de ses membres à la cambuse et à la cuisine ; il revient bientôt porteur du bidon de bois jaune aux cercles polis où ballottent autant de *boujarons*

(seizièmes de litre) de rhum ou d'eau-de-vie, que le plat compte de matelots, à l'exception de ceux que l'on a *retranchés* par punition. Le premier
acte de la société est de se partager immédiatement le liquide ; car, disent-ils, le *bidon peut chavirer*. Arrive ensuite la gamelle à demi pleine,
d'une infusion de café qui a toujours le mérite d'être brûlant; on y jette le
biscuit préalablement pilé dans le *gamelot*, et chacun des convives assis en
rond plonge alternativement sa cuiller d'étain dans le brouet avec une régularité sévère. Une demi-heure est consacrée à ce modeste festin ; la *bre-
loque*, battue par le tambour ou sonnée par les clairons, en annonce le
terme invariable. A l'instant même, l'attirail du repas doit être enlevé et re-
porté à son poste; puis les batteries sont lavées, l'entre-pont frotté au sable,
le pont balayé.

Ensuite on fait battre le rappel pour le *fourbissage*. Ce mot comprend
le nettoyage de tous les objets en fer ou en cuivre du navire; chaque
homme a sa tâche désignée d'après un rôle : les chefs de pièce nettoient
leurs canons, assistés de l'un de leurs servants ; les batayolles de cuivre
ou de fer, garde-corps des panneaux, les *cabillots*, chevilles de fer dont
les deux bouts dépassent la tablette qu'elles traversent, et qui servent à
*tourner*, à *amarrer* les cordages de toute espèce, drisses, bras, écoutes ; les
habitacles, les fanaux de cuivre sont fourbis chaque jour. Ces travaux sont
souvent interrompus à la mer par les nécessités de la manœuvre ; ce n'est
pas sans inquiétude que chaque homme abandonne son établissement qu'il
surveille du coin de l'œil, et qu'il se hâte de rejoindre.

Parfois, au milieu du repas, du travail, un cri fatal se fait entendre : *Un
homme à la mer!* Soudain, tous abandonnent précipitamment leur poste en
répétant : Un homme à la mer! un homme à la mer! — *La barre dessous!*
s'écrie l'officier de quart. *Aux bras du vent derrière! File les écoutes et les
amures de basses voiles! Amène le canot de sauvetage!*

Avant le commandement, la barre a été mise du côté opposé au vent, de
façon à faire tourner la proue, l'avant du navire vers la direction du vent,
pour faire battre et bientôt masquer les voiles afin d'arrêter la vitesse. *Aux
bras du vent derrière!* on masque aussi immédiatement les voiles du grand
mât, dont l'effet, poussant alors le navire à reculons, l'arrête et l'immobilise;
*File les écoutes et amures des basses voiles!* d'abord, pour diminuer leur effet,
et ensuite pour que les basses vergues soient libres d'obéir aux *bras*.

Pendant que ces dispositions ont été prises pour arrêter le navire, les canotiers désignés pour ce cas spécial se sont jetés dans l'embarcation placée du côté de sous le vent ; ils ont coupé toutes les cordes qui la retenaient, elle reste suspendue sur ses palans ; on l'*amène* vivement, mais sans précipitation, car il y va de la vie de douze hommes, et pour peu que la mer soit agitée, toute maladresse est fatale. Le canot détaché vogue vers le point que lui signalent le drapeau de la bouée de sauvetage et les nombreuses vigies instantanément placées dans la mâture. Les minutes, les secondes que met le canot à parcourir cet espace semblent des heures ! Mais pendant ce temps, l'officier de quart doit oublier les préoccupations de l'humanité : il lui faut rectifier la position désordonnée du navire et occuper ainsi l'équipage. Les basses voiles flottent en bannière : *on les retrousse*, on les *cargue*, ainsi que les perroquets maintenant inutiles ; le bâtiment est en *panne*, c'est-à-dire immobile ; ses voiles d'avant, qui le poussent à marcher, sont balancées par celles de l'arrière que l'on a masquées. Le seul mouvement qu'il ait est celui de la *dérive*, résultat de toutes les forces combinées qui le poussent en travers. Cependant le canot se dirige vers la bouée avec des efforts surhumains. Là ! là ! lui montrent toutes les mains en le voyant dans le creux des lames hésiter dans sa course. Enfin il arrive ! toutes les poitrines sont serrées, les cœurs cessent de battre !... Ils l'ont, il est sauvé ! ! !

*Préparez des amarres au canot*, dit l'officier en s'efforçant de contenir la joie et le triomphe que trahit l'accent de sa voix. Trois ou quatre hommes adroits sont disposés en dehors avec des *glènes de filin*, des paquets de corde dont un bout est amarré à bord et qu'ils sont prêts à lancer au canot qui s'approche ; les palans sont *affalés* en dehors, c'est-à-dire qu'on fait courir la corde dans les poulies afin que celles-ci pendent jusqu'à la mer pour qu'il soit facile aux canotiers de les accrocher l'une devant, l'autre derrière, dans le canot ; à peine est-il accosté, qu'on saisit le moment favorable pour les *crocher*, et tout l'équipage, courant avec le cordage, enlève l'embarcation à la hauteur des arcs-boutants.

Malheureusement, il arrive trop souvent qu'un pareil accident ait des suites plus funestes : le vaisseau *l'Algésiras* étant à la cape par un temps *forcé*, un matelot tomba à la mer ; trois élèves, un maître d'équipage et douze marins se précipitèrent dans l'embarcation de sauvetage ; la mer était affreuse ! Ils parvinrent, après mille dangers, à retrouver l'homme et l'embarquèrent dans leur canot ; puis ils se dirigèrent vers le bâtiment ; au moment d'accoster sous la poupe, une lame gigantesque, brisant sur le vaisseau, chavira l'embarcation ; tous disparurent, à l'exception du maître d'équipage que l'on revit sur la quille du canot et auquel il fut impossible de porter secours... Dans l'escadre de la Méditerranée un homme tomba à la mer, par un gros temps, du vaisseau *le Suffren* ; *le Souverain*, autre vaisseau à trois ponts, placé en arrière dans la ligne, amena une embarcation qui, malgré la force des lames, sauva l'homme avec une habileté qui excita l'admiration de toute la flotte.

La manière dont quelques hommes ont été arrachés à une mort certaine pourrait à bon droit passer pour miraculeuse. Nous avons vu à bord d'un bâtiment de commerce un matelot dont le sauvetage présentait des circonstances extraordinaires. Il tomba à la mer dans un grain où son bâtiment était forcé de *laisser arriver*. On lui jeta tous les objets flottants qui tombèrent sous la main, cages à poules, paniers, etc. ; mais l'équipage, peu nombreux, ne put entreprendre les manœuvres nécessaires pour le sauver ; le navire continua sa route ; une demi-heure après, le grain cessa ; le capitaine désespéré voulut faire une tentative pour retrouver ce marin ; il revint sur ses pas en suivant autant que possible une route opposée et mit en panne à l'endroit où il aperçut les objets que l'on avait jetés à la mer. Le temps était devenu brumeux ; cependant il fit amener une embarcation qui

24

rôda inutilement pendant une heure; enfin les canotiers, croyant entendre un faible cri, se dirigèrent de ce côté, c'était bien le matelot! Il avait passé trois heures et demie à la mer; au moment où il vit le navire continuer sa route, il avait ouvert son couteau, décidé à abréger ses souffrances; mais, ayant pensé à Dieu et au diable, disait-il, il avait changé d'idée, et pour ne pas en avoir une seconde fois la tentation, il avait détaché son arme et l'avait laissée couler. En racontant ce drame, cet homme simple ne paraissait pas se douter de la sublimité de sa résignation stoïque!

Mais que l'on ait été assez heureux pour sauver un compatriote, ou que l'on ait eu la douleur de le perdre, le navire impitoyable doit marcher et continuer sa route. On fait *servir*, c'est-à-dire qu'on remet toutes les voiles en état de pousser le bâtiment en avant, puis l'on rétablit la voilure suivant le temps, et le service régulier continue.

Vers midi, les officiers et les élèves se rassemblent pour observer la hauteur du soleil, au moyen des instruments à miroir, *octant*, *sextant* ou *cercle*. C'est de cette observation que, par une soustraction ou une addition, on conclura la *latitude* ou distance du lieu où l'on est à l'Équateur, ceinture de la terre; en connaissant la *longitude*, c'est-à-dire la distance du même point à un cercle perpendiculaire à l'Équateur, à un *méridien*, celui de Paris, par exemple, il devient facile de marquer sur la carte le point où est le vaisseau, comme dans la campagne, avec deux alignements différents, on peut aisément trouver un point, ne fût-ce qu'une pierre.

Cette distance, cette longitude peut se traduire en heures. Comme le soleil paraît mettre vingt-quatre heures à faire le tour de la terre, un lieu où l'on voit le soleil une heure avant l'autre sera d'une heure à l'est du dernier, par conséquent d'un vingt-quatrième de la circonférence du globe. En connaissant la différence d'heure du lieu où est le vaisseau avec Paris, on aura la distance au méridien de Paris, la longitude. Connaître l'heure du vaisseau est une chose facile au moyen de la hauteur du soleil au-dessus de l'horizon; connaître celle de Paris au même instant, telle est la question difficile.

Les montres marines, qui conservent la même marche dans tous les climats, ont résolu le problème; elles marquent toujours l'heure de Paris. Mais bien des causes, outre la cherté de l'instrument, peuvent priver d'un chronomètre; pour y suppléer, on possède un livre où se trouve indiqué d'avance à quelle heure certains phénomènes du ciel seront observés à Paris ; ce livre est la *Connaissance des temps :* les phénomènes sont, entre autres, les distances de la lune au soleil ou aux étoiles. L'astronome marin, calculant qu'à telle heure, à bord, il a observé telle distance de la lune au soleil, trouve, dans la *Connaissance des temps*, qu'au moment où la distance de la lune au soleil était celle qu'il a observée, Paris comptait telle heure, dont la différence avec celle déjà connue du bord donne en temps la longitude, la distance du lieu du vaisseau au grand cercle qui passe par Paris et les pôles.

Toutes ces observations ne sont possibles que dans un calme serein et avec une mer supportable ; autrement l'horizon, tout mâchuré par les vagues, n'est plus qu'un être de raison, et l'observateur, bousculé par le roulis et le tangage, ne peut saisir les images des astres qu'il lui faut, au moyen d'un instrument délicat, amener en contact à moins d'un cheveu près. Alors, l'ancien système, l'estime par le loch, a son emploi. Toutes les demi-heures on a mesuré la vitesse du navire qui a suivi telle direction, telle aire de vent de la boussole ; à la fin de leur quart, les officiers l'ont écrit et signé sur le *casernet*, ou journal ; on connaît donc le chemin fait en vingt-quatre heures. Mais ce procédé très-simple n'est pas toujours exact : les courants, les lames ont poussé le navire sans que le loch en fasse mention ; le sablier, humide ou trop sec, a mal mesuré le temps, et la ligne de loch elle-même a pu se raccourcir ou s'allonger. Aussi, les observations astronomiques sont-elles les meilleurs guides et les plus sûres données du *point*, ou calcul de la position du navire.

Il est de la même importance d'avoir un *point* exact en pleine mer que près des côtes, car au milieu de l'Océan s'élèvent quelques écueils à peine connus, que l'on nomme des *vigies*. Découvrir, vérifier une vigie, voilà l'ambition des jeunes navigateurs. Plusieurs d'entre elles ont une histoire fabuleuse : les cinq *Grosses têtes*, tel est le nom d'un danger dont les anciens voyageurs nous ont transmis le dessin, situé sur la route de tous les bâtiments qui viennent du large en France et en Angleterre, et qu'il est impossible de retrouver maintenant ; le *Négrillo*, sur le banc de Campêche, dont on a apporté des pierres à la Havane, et qui certainement n'existe pas dans le parage où on l'a indiqué. Tous les jours, cependant, on en annonce ou on en retrouve de nouvelles. L'amiral Roussin a retrouvé et fixé la position des écueils de Manuel-Luiz, dont tout le monde contestait l'existence. Dans les parages des Açores sont marquées le plus grand nombre de vigies douteuses. Au milieu des sombres nuits de cette mer orageuse, c'est une incertitude formidable que de ne savoir si l'on doit rencontrer ou non de ces écueils sans merci.

Plusieurs des vaisseaux de Duguay-Trouin, rapportant les riches dépouilles de Rio-Janeiro, entre autres le *Majestueux*, de quatre-vingts canons, périrent corps et biens dans ces parages; ont-ils été engloutis par les lames ou brisés sur ces récifs?...

Christophe Colomb manqua aussi de périr près de ces îles, au retour de son premier voyage en Amérique. Il raconte qu'un coup de mer jeta sur le pont de sa caravelle autant de sable que d'écume, indice certain de l'existence d'un banc à peu de profondeur. Singulière destinée, qui aurait pour plusieurs siècles sans doute ravi à l'Europe la connaissance de la véritable forme de la terre et toutes les découvertes qui en ont résulté!

Lorsque les observateurs du soleil ont reconnu que l'astre qui monte depuis son lever est demeuré un instant stationnaire, et qu'il va commencer à descendre, ils font *piquer* midi. C'est l'heure du dîner de l'équipage, le tambour l'indique; le vin, au lieu de rhum, la soupe aux fayots ou aux gourganes, au lieu de café, le morceau de lard, tel est le substantiel menu de ce repas.

Le matin, on a déjeuné assis à l'orientale : le plancher du pont servant de siége et de table; mais à midi des bancs et des tables sont suspendus dans les batteries, et l'équipage s'y établit d'une façon plus confortable.

En mer, une bordée dîne pendant que l'autre veille. On se partage toujours ainsi le temps du repas et du sommeil.

Parmi les dangers sans nombre auxquels est exposé un navire, il en est un sans cesse menaçant et terrible, c'est celui de l'incendie. Que d'aliments le feu ne trouve-t-il pas à bord? Jusqu'à la dernière pièce qui surnage, tout peut être consumé! et cette affreuse calamité ne laisse que le choix de deux morts, aussi effrayantes l'une que l'autre, le feu ou l'eau! Aussi, les précautions les plus grandes sont-elles prises à bord des bâtiments de guerre : tout feu, tout fanal a un gardien; les cuisines sont éteintes chaque fois que l'on fait dans le bâtiment un transport de poudre; les hommes qui se rendent dans la *soute*, où n'entre pas un morceau de fer, sont contraints de se déchausser ; la pompe à incendie reste toujours prête, et un rôle est organisé pour multiplier les secours en cas d'accident. Mais il n'en est pas de même à bord de certains bâtiments de commerce, les américains, entre autres, et surtout les baleiniers.

En parcourant la mer qui sépare le Brésil du cap de Bonne-Espérance, on voit nombre de ces bâtiments en panne, sous petites voiles, échelonnés sur le même parallèle, veillant les *gammes* ou troupes de baleines, et prêts à les attaquer, malgré la grosseur des houles de ces parages. La nuit, on aperçoit quelquefois sur le ciel noir et gros d'orage une immense lueur, un navire en feu... c'est tout simplement un baleinier joyeux qui fait fondre la graisse de ses riches captures. La chaudière est au milieu du pont; le foyer est entretenu au moyen de la couenne du lard de la baleine, dont l'huile ruisselle, et darde ses flammes jusqu'à la hauteur des mâts ; les baleiniers fument tranquillement assis autour de ce volcan, capable de dévorer en un instant le bâtiment qui le porte.

Les navires qui semblent les plus exposés à l'incendie, sont ceux qui transportent des chargements de coton. Chaque jour de nouveaux sinistres sont annoncés. Cette matière est, à ce qu'on peut supposer, susceptible de s'enflammer spontanément, ou au moins par le seul contact avec certains liquides, comme la térébenthine, fort usitée à bord. Dans le canal de Bahama, dans le golfe du Mexique, à la Havane, nombre de ces bâtiments américains sont abandonnés ou perdus; l'immense circulation maritime dans ces parages permet du moins de sauver quelquefois les passagers et les équipages qui, du reste, se soucient peu de se sacrifier pour le sauvetage de propriétés toujours assurées.

En 1836, dans les mers de l'Inde, un beau trois-mâts anglais, *la Princesse-Victoria*, fut la proie des flammes, sans qu'on ait pu présumer la cause du désastre. Le capitaine, propriétaire d'une partie du chargement, s'embarqua avec ses trente matelots dans les canots du bâtiment; ils dirigèrent leur route vers l'île Bourbon, dont ils étaient éloignés de trois cents milles (cent lieues); grâce à un vent favorable, ils arrivèrent le quatrième jour dans cette île. Ils n'avaient eu le moyen d'emporter que les vivres qui se trouvaient sur le pont, et avaient dû se nourrir de moutons et de poules sans leur faire subir la moindre préparation culinaire, ce qui, du reste, ne paraissait pas les avoir beaucoup affectés.

L'incendie du vaisseau de la compagnie des Indes, *le Kent*, est un des événements les plus extraordinaires en ce genre; six cents hommes y périssaient sans le hasard qui amena un petit brick en vue, et sans la protection du ciel qui poussa rapidement au port ce petit bâtiment surchargé d'hommes expirants, en raison de leur grand nombre qui les privait d'air, de vivres et d'eau.

Au milieu de ces événements, qu'on ne raconte qu'en traits généraux, combien de scènes que nul n'a vues! que de drames sans témoins, dont les acteurs sont engloutis dans les flots!..

L'épisode suivant, que nous tenons d'un témoin oculaire, présente plus d'un côté bizarre et tragique.

Le trois mâts *les Six-Sœurs*, chargé de coton, conduisait des Seychelles à l'île de France plusieurs colons accompagnés de leurs serviteurs noirs. Les hauts pitons de Mahé, dorés par les derniers rayons du soleil, avaient plongé sous l'horizon leurs cimes boisées. Pendant les deux premiers jours, un bon vent, un temps délicieux, promettaient un heureux voyage. Le soir, en ouvrant le panneau de la cale, on en vit sortir une épaisse fumée.

*Le feu est à bord!* A ce cri terrible, le capitaine monte à la hâte sur le pont ; équipage et passagers, tout le monde accourt. On essaye de combattre les progrès de l'incendie, mais c'est en vain : l'écoutille vomit comme un cratère d'épais tourbillons de fumée ; le pont brûle les pieds des travailleurs ; il faut renoncer à sauver le bâtiment. La chaloupe est mise à la mer ; on y jette à la hâte des vivres, des armes. Les femmes, les colons, puis l'équipage s'entassent dans la faible embarcation. Les nègres voulurent à leur tour y chercher asile, mais la chaloupe était déjà surchargée ; les matelots hissèrent précipitamment la voile, et firent leurs efforts pour s'éloigner. Cependant le corps du navire les abritait de la brise, et l'embarcation restait presque immobile à quelque distance *sous le vent*. Les malheureux noirs, menacés d'une double mort, se jetèrent à la nage pour l'atteindre, et s'efforcèrent d'y monter, malgré la résistance des matelots. L'un de ces nègres, de race malaise, au teint cuivré, aux narines fendues, les épouvanta à plusieurs reprises de ses furieux assauts ; une fois, il parvint à s'accrocher à la chaloupe, il allait l'escalader lorsqu'un terrible coup de rame lui brisa le genou qu'il avait posé sur le bord ; il poussa un cri de rage, et, s'attachant à quelques débris, parvint, malgré sa blessure, à regagner le navire pendant que l'embarcation continuait à s'en écarter. On le vit alors, par-dessus le *plat-bord* du bâtiment, saisir la roue de gouvernail et, s'en servant avec habileté, faire évoluer le navire sous sa voilure de flammes et le diriger sur la chétive embarcation ; son étrave, fendant la mer colorée des sanglants reflets de l'incendie, s'approchait rapidement ; son noir pilote, dont le front cuivré s'illumina d'un éclair de rage satanique, allait envelopper ses ennemis dans sa perte inévitable, lorsque le capitaine, debout sur l'arrière de la chaloupe, l'abattit d'un coup de fusil ; c'était l'unique moyen de salut. Le Malais, frappé mortellement, abandonna le gouvernail, et le navire, sans guide, tout en feu de l'avant à l'arrière, se détourna de sa course et vint en travers au vent.

A bord des bâtiments de guerre, les précautions les plus grandes sont prises contre le feu. Indépendamment des sentinelles qui surveillent toutes les lumières, tous les feux, des rondes fréquentes parcourent sans cesse toutes les parties du vaisseau. Un rôle spécial indique à chacun son poste pour combattre le fléau ; de nombreux seaux de cuir, des pompes, dont un tuyau va chercher dans la mer l'eau qu'elles lancent à de grandes hau-

teurs, sont toujours prêtes. Enfin, pour éviter l'explosion des poudres dans
un pareil moment, un robinet, qui communique de la *soute* à la mer à
travers le bord, permet de les couvrir d'eau, sans qu'elles puissent être ava-
riées; les caisses de cuivre qui les renferment les conservent sèches et intactes.

L'homme de vigie que nous avons vu le soir projeter de chaque côté
du beaupré son regard horizontal est placé, pendant le jour, à la tête du
mât de misaine, sur la vergue du petit hunier. De cette position élevée, sa
vue s'étend au loin à l'horizon; son regard perpendiculaire aperçoit les
changements de couleur de la mer, indices de bas-fonds, tandis que, sur
le pont, la surface polie des eaux empêche d'en pénétrer les profondeurs. Aperçoit-il d'en haut une ligne indécise sur le ciel, *La terre devant
nous!* crie-t-il à l'instant; aussitôt qu'il a entendu cet avertissement *cé-
leste,* l'élève de quart en rend compte à l'officier, qui l'envoie souvent
lui-même en haut vérifier l'exactitude du rapport. Quel est le marin qui
n'a passé ainsi quelques heures, surtout dans les mauvais temps, pour assurer, par son rapport, la manœuvre du bâtiment! Dans cette position aé-
rienne, au milieu du craquement de toutes les parties de la mâture ébran-
lée, au roulis du vaisseau dont la coque étroite sert de base à l'édifice
chancelant que l'on domine, l'Océan apparaît dans sa sombre poésie. Parfois, pour traverser un banc de glaces, une passe inconnue, des officiers,
le commandant même, se transportent à cet incommode observatoire.

La vigie voit-elle poindre de blanches voiles à l'horizon, elle crie à l'instant : *Navire au vent* ou *sous le vent!* En temps de guerre, la vigilance ne
saurait être trop grande; en temps de paix même, on ne doit jamais laisser approcher un navire sans être prêt à tout événement et le boute-feu à
la main. Le droit des gens, parfois violé sur terre, est bien moins puissant
sur mer, où les actes les plus coupables n'ont que des témoins intéressés.
L'histoire à la main, il est facile de constater, sans passion, que la marine
anglaise n'a presque jamais commencé la guerre autrement.

Pendant la République, quatre frégates espagnoles, chargées des tributs de l'Amérique, rencontrent une escadre de plusieurs vaisseaux
anglais. L'Espagne était en paix avec l'Angleterre, mais elle commettait le
crime de traiter en ce moment avec la France. Attaquées à l'improviste
par leurs alliés, les frégates espagnoles se défendirent courageusement

contre des forces dix fois supérieures. Deux d'entre elles périrent dans les
flammes, et les deux autres, écrasées par le nombre, ne se rendirent qu'après
avoir soutenu de tous leurs moyens l'honneur de leur pavillon ; l'Angleterre
n'eut que des récompenses pour l'auteur de cet abominable assassinat.

Au mois d'avril 1815, la gabarre *l'Égérie* s'approchait des côtes de
France ; à sa corne, flottait le pavillon blanc, que venait de renverser la
marche triomphale de Napoléon ; on ignorait à bord de la pesante gabarre
ces événements récents, lorsqu'on aperçut un brick anglais de vingt-deux
pièces de canon ; il s'approcha de *l'Égérie*, et se plut, pendant quelque
temps, à éprouver sa supériorité de marche ; enfin, il se rapprocha davantage et *héla* au porte-voix qu'il avait des nouvelles intéressantes à communiquer. Le commandant fit disposer un canot pour aller à bord ; les matelots étaient occupés à le préparer, lorsque tout à coup les sabords du
brick s'ouvrent, et vomissent les charges de mitraille qui gorgeaient ses
caronades de 32. Un cri d'indignation se mêle aux gémissements des
blessés. L'équipage de *l'Égérie* se précipite aux canons et riposte à la
seconde volée des Anglais. Après quelques bordées, les bastingages du
brick volèrent en éclats ; plusieurs de ses pièces furent démontées ; il mit
alors toutes voiles dehors, et abandonna *l'Égérie*, qui avait bien chèrement
payé sa victoire sur son perfide ennemi.

Aussi, ne doit-on jamais se trouver dans le voisinage d'un étranger sans
être en branle-bas de combat, sans veiller les moindres mouvements de ses
batteries.

A l'exception de ces rencontres et des méprises nocturnes, il reste peu
d'occasions aux bâtiments de guerre d'exercer leur surveillance sur la mer.
Le pirate est presque devenu de nos jours un mythe fabuleux. Cependant,
en 1825, à Cuba, la piraterie était encore exercée sur une vaste échelle.
De petites goëlettes, d'une marche supérieure, embusquées dans les îlots
du banc de Bahama, arrêtaient les navires marchands, massacraient les
équipages, et souvent l'on vendait à la Havane des ballots qui en avaient été
expédiés pour l'Europe huit jours avant. Des moines étaient, dit-on, les
principaux actionnaires intéressés dans l'armement de ces goëlettes ; mais
la poursuite incessante des marines européennes, et les réformes introduites
dans l'administration de Cuba par l'illustre général Tacon, ont effacé les
dernières traces de ces désordres.

Maintenant, les contrebandiers, dont les expéditions hardies n'ont lieu que dans le voisinage des côtes, les négriers, traqués avec persévérance par la marine anglaise, ont seuls conservé quelque peu du caractère frauduleux des anciens *écumeurs de mer*; aussi, ces derniers ne se livrent-ils ordinairement à leur commerce proscrit qu'avec un bâtiment *fin voilier*. De légères goëlettes, aux longs mâts inclinés sur l'arrière, aux larges flancs, à la carène effilée, recèlent les trafiquants de *bois d'ébène*; tel est le nom d'une traite de noirs dans le jargon de cette profession. C'est surtout pendant leur opération, ou au débarquement, que ces marins aventureux craignent d'être surpris; une fois en mer, ils se fient à la vitesse de leur bon marcheur.

Toutefois, les corvettes de guerre veillent au large avec persévérance. Le cri de : *Navire!* se fait-il entendre, l'équipage, énervé par les chaleurs, se ranime soudain. Si le navire aperçu est suspect, il va fuir la corvette dès qu'il l'aura reconnue. Tout promet la distraction d'une poursuite, d'une *chasse*. En effet, la goëlette, qui s'approchait vent arrière, a *lofé*, est venue en travers au vent pour éviter le croiseur; ses voiles, gonflées par une jolie brise, font plier ses mâts flexibles sans incliner presque son flanc robuste; l'écume qu'elle soulève dans sa course semble de loin un flocon blanc suspendu à son étrave. La corvette qui veut l'atteindre a le désavantage de la position : la goëlette, qui venait vent arrière, est à plus d'une lieue *au vent*. C'est ici que l'*allure du plus près* et l'art de *courir des bordées* sont nécessaires. La mâture livre au vent toutes les voiles qu'elle peut supporter par la fraîche brise qui règne. On roidit davantage la surface de toutes les voiles en forçant avec des *palans* sur les *amures*, sur les *écoutes*.

On *oriente*, on oblique les vergues le plus possible; elles sont presque en travers du navire, de sorte que l'on ne saurait presque concevoir comment elles peuvent le faire marcher. L'agile bâtiment glisse en s'inclinant sous l'impulsion du vent. La mer est *belle*, sans lames, la corvette file neuf *nœuds*, trois lieues à l'heure. Tout le monde à bord, jusqu'au dernier matelot, observe, avec un intérêt palpitant, les circonstances de la chasse. La brise inégale mollit-elle par intervalles, tous l'appellent, sifflent pour la faire augmenter, préjugé étrange et fort répandu.

Si la goëlette qui suit une route parallèle fait mine de reculer, le croiseur gagne; son équipage semble radieux; on encourage la corvette, on la flatte, on lui prodigue des mots caressants. Le négrier, ou plutôt l'objet poursuivi, semble-t-il *gagner*, marcher plus vite, on accable le pauvre navire, si vanté tout à l'heure, des reproches les plus insultants : *Mauvaise barque, hourque, baille à brai, bouée, sabot* [1] ! Le célèbre amiral la Mothe-Piquet, dans des circonstances semblables, en vint jusqu'à jeter sa perruque à son vaisseau, trop lent au gré de son courage. Mais, soit que la corvette se trouve mieux lestée, mieux construite ou mieux voilée pour la fraîche brise qui règne, elle gagne le négrier, et parcourt plus de chemin sur la ligne parallèle qu'elle suit ; dès lors, pour s'en approcher, il faut chercher à gagner *dans le vent* la lieue qui sépare les deux routes ; il faut courir en zigzag, *louvoyer* sur les deux *bords*. Le vent, qui vient du côté où est la goëlette que l'on chasse, frappe le côté de *bâbord*, on est *bâbord amures* ; pour lui présenter le côté de *tribord*, il faut *virer de bord* : le commandant l'ordonne à l'officier de quart. Celui-ci commande à l'instant : *Pare à virer !* Un coup de sifflet appelle chacun à son poste, les matelots s'y rendent en courant ; le pont retentit sous leurs pieds nus. Toutes les cordes, à l'exception des écoutes, vont être mises en action, puisqu'il faudra, une fois le bâtiment *viré*, tourné, que les voiles soient complétement orientées différemment, et que leur côté de droite soit tiré vers l'avant autant que l'est maintenant celui de gauche. Tout est prêt, un profond silence règne. *La barre dessous !* A ce commandement, la barre du gouvernail est poussée du côté de *tribord sous le vent*, pour faire venir *au vent* la proue, le cap du navire.

*File les écoutes de foc !* Les *écoutes*, qui forçaient les *focs*, les voiles du beaupré, à recevoir le vent dans leur conque triangulaire, sont lâchées ; les focs se *déventent*, battent comme un mouchoir tenu d'un seul côté et perdent toute leur puissance.

La brigantine, au contraire, l'éperon du navire, que les focs cessent de contre-balancer, pousse son arrière-train sous le vent, vers la droite, son avant vers la gauche, et facilite l'action du gouvernail.

Le bâtiment, en changeant ainsi de direction, a rapproché sa proue de la direction du vent. Les voiles commencent à battre avec fracas ; puis, la brise qui les gonflait auparavant finit par frapper brusquement leur surface anté- rieure. Les voiles *masquées* forment deux poches de chaque côté du mât. A l'aide du reste de sa vitesse, qui a conservé de l'action au gouvernail, la

---

[1] La *hourque* était un très-lourd bâtiment hollandais. — *Baille*, ou baquet à fondre la résine des calfats. — *Bouée*, corps flottant sans forme spéciale.

corvette a maintenant le cap dans la direction du vent, comme un navire à l'ancre et qui va appareiller; de même aussi, comme dans l'*appareillage*, pour *abattre* sur *bâbord*, afin de recevoir de nouveau le vent dans les voiles, il faut que les voiles de l'arrière soient disposées en sens contraire de celles de l'avant.

*Change derrière!* tel est le commandement qui fait exécuter la manœuvre que nous venons d'expliquer; alors, du sommet des mâts au pont, l'appareil complet des voiles et des vergues tourne, comme fait une girouette, avec une effrayante rapidité, sous l'effort de cent bras que l'action du vent favorise en partie.

L'amure de tribord de la grand'voile est roidie vers l'avant; l'écoute de bâbord attire jusqu'à l'arrière le *point*, l'angle exposé de cette voile.

Grâce à cette disposition, absolument semblable à celle de l'appareillage, le navire continue son mouvement de conversion. Dès qu'il a *abattu* de six quarts, que sa quille se trouve dans la ligne qu'il va suivre *au plus près, tribord amures, Change devant!* commande l'officier ; et les voiles d'avant, changées à leur tour comme celles de l'arrière, reçoivent enfin la brise, ainsi que ces dernières, et le navire reprend, dans une direction opposée, la même vitesse qui l'animait à l'autre bord. Quand le virement de bord est terminé, le pont est couvert de l'amas enchevêtré de toutes les *manœuvres*, les cordes, qui ont été mises en action ; chaque matelot est chargé d'en démêler, d'en rouler en rond, d'en *parer* une.

De bordée en bordée, le navire chasseur d'une marche supérieure finit toujours par atteindre sa proie. Mais les variations de force de la brise changent les qualités respectives des navires. La direction du vent peut changer, et tel bâtiment, fin voilier *au plus près*, peut mal marcher vent arrière. Aussi, le négrier habile ne perd pas courage, et, par toutes sortes de manœuvres, il cherche à prolonger la durée de la chasse, dans l'espoir qu'un changement de temps fasse perdre au croiseur sa supériorité momentanée.

Le négrier, s'il est poussé à bout, a recours alors à tous les moyens possibles pour déguiser son trafic. Un négrier, poursuivi jusqu'en vue de terre, et sur le point d'être pris, construisit à la hâte un radeau sur lequel il fit passer tous ses nègres. A peine le radeau fut-il un peu éloigné, qu'il reçut une volée de coups de canon qui le fit bientôt disparaître ainsi que sa cargaison.

Ce n'est pas seulement dans une *chasse* que l'on est obligé de louvoyer en virant si souvent de bord. Pour *doubler*, passer au large d'un danger où le vent vous pousse, pour sortir d'une rade étroite, pour y pénétrer avec des vents contraires, il faut avoir recours à ces fatigantes manœuvres. Dans une des baies dentelées des côtes de Norwége, dont la profondeur ne permet pas de jeter l'ancre pour attendre un vent favorable, nous avons vu faire, en dix heures, cinquante-deux virements de bord. Mais, avant de nous retrouver dans une position semblable, il faut nous rapprocher de la terre, l'apercevoir et la reconnaître. Tel sera le sujet du chapitre suivant.

## LES ATTERRAGES.

Fatigué de ses luttes contre la mer, lassé d'avoir fendu les flots qui referment aussitôt sur son passage le sillon ouvert par la quille, couvert du
sel marin que les vagues ont déposé sur sa carène, le navire atteint à la fin
le terme de sa course, ou va chercher dans une contrée amie un abri pour
ses mâts, un asile pour son équipage. Quitter la haute mer, prendre connaissance de terre, telle est l'action d'*atterrir*, l'*atterrage*.

Suivant les parages où il se trouve, le navigateur, à la vue des côtes, sera
frappé d'un spectacle bien différent. Le brûlant soleil du tropique, les rayons
du jour bénin des climats tempérés, la pâle lueur que reflètent les neiges
polaires éclairent des continents d'un aspect aussi varié que leur lumière.

Séjour d'un hiver éternel, battues par une mer houleuse, sous un ciel
sombre et rigoureux, les terres des régions polaires revêtent, dans leur

aspect lugubre, le deuil de ces orageux climats. Les baies, les *fiords* ou golfes, en échancrent profondément le contour ; les îles innombrables qu'ils entourent sont bordées de rochers amoncelés, de montagnes basaltiques ; une neige éternelle en dessine les arêtes et en couronne les pics glacés, dont la base descend perpendiculairement dans l'abîme ; le flot infatigable a, de son choc séculaire, creusé dans ces murailles inébranlables des cavernes profondes.

C'est en vain que dans ces fiords, le navigateur, entouré cependant de terre comme dans un lac, voudrait s'y servir de ses ancres ; la profondeur de la mer, même auprès de la côte, dépasse la longueur des câbles ; l'ancre ne pourrait *prendre fond*, et c'est autour d'un quartier de roches qu'il faut amarrer son navire. Tel est l'aspect de la Norwége, des îles Féroé, de l'Islande et des terres Magellaniques. Plus près des pôles encore, au Groënland, au Spitzberg, à la terre Louis-Philippe, le sol est couvert d'un grand linceul qui en déguise perfidement les aspérités, et sur lequel se détachent en noir les pans verticaux des rochers sur lesquels ne peut se fixer la neige. Dans les vallées, d'énormes amas de glace présentent une surface hérissée et semblable à une mer furieuse subitement pétrifiée.

En s'approchant des régions tempérées, les côtes perdent peu à peu de cette physionomie formidable. Les rochers qui bordent l'Écosse, l'Irlande, la Bretagne, ne sont point d'une élévation comparable; leur base se prolonge en plan incliné; la mer diminue graduellement de profondeur à leur approche; les golfes et les anses offrent des mouillages faciles. Telles sont les côtes de l'Espagne, du Portugal, de la France, de l'Angleterre, de l'Amérique du Nord, du Chili et de la province du Cap.

Dans les régions tropicales, des bancs à fleur d'eau, des rivages aplanis, des galets arrondis, un sable fin et brillant, bordent une mer azurée et resplendissante du feu du soleil. Quelquefois, cependant, les ouragans déchaînent leur fureur et font payer en quelques instants, par leurs ravages, la bénignité ordinaire du climat. Telle est la condition des côtes du Sénégal, du Mexique, de Madagascar, des Florides, du Iucatan. La côte de Coromandel, entre autres, est tellement basse, qu'on découvre du large le sommet des pagodes, la cime des arbres, le toit des maisons, avant d'apercevoir la terre qui les porte.

Il y a cependant quelques exceptions à ces caractères généraux des trois zones du globe terrestre. Les terres de formation volcanique, répandues sur toutes les latitudes, sont d'un abord escarpé; un navire pourrait y briser son beaupré contre la terre. Les cratères éteints du pic de Ténériffe, des Pitons de la Martinique, le volcan toujours actif de l'île Bourbon et de la Guadeloupe, témoignent assez de leur origine. Les madrépores et les coraux,

entrelaçant leurs inextricables rameaux, s'élèvent couche par couche du fond des mers, en dépassent le niveau, et se revêtent, sous l'influence d'un soleil ardent, d'une végétation dont le renouvellement finit par produire de la terre végétale. Ces îlots, assis ordinairement sur des bancs peu éloignés de la surface des eaux, s'élèvent presque verticalement du fond. Les cayes du banc de Batrama, les îlots de l'Océanie, les Amirantes, les Maldives, sont des excroissances de coraux tellement accores, qu'un navire peut s'y heurter avant que sa quille ne *touche ;* autour de ces îles on trouve le fond à de médiocres profondeurs.

Quels que soient les parages où il se trouve, à l'approche de la terre, les loisirs des longs quarts de nuit cessent pour le marin.

Tandis que les passagers se réjouissent de voir arriver le terme de leur emprisonnement, il redouble de vigilance, et cet instant si désiré devient pour lui l'occasion d'une attention et même d'une anxiété continuelles, de précautions des plus minutieuses, de positions des plus critiques.

Pendant que le navire parcourait le vaste Océan, bien des causes ont pu influer sur sa marche et en altérer la direction d'une manière inaperçue des navigateurs. Les lames, soulevées par les tempêtes, entraînent le bâtiment hors de sa route. Le vent, soufflant avec persévérance du même point, forme dans la mer des courants inconnus, dont l'effet se fait sentir même au delà de la région où il règne. Le bâtiment, poussé par cette force qu'il ignore, se dirige à son insu vers un autre point que celui qu'il prétend atteindre. Le marin, il est vrai, grâce au secours de l'astronomie, a, chaque jour, chemin faisant, rectifié sa position en consultant celle des astres. Mais, quelque parfaits que soient les instruments, leur fragilité est extrême, et, d'ailleurs, le ciel semble parfois prendre à plaisir de se voiler, alors qu'il serait le plus nécessaire d'avoir recours aux jalons que la main de Dieu y a posés, et que l'homme a su y découvrir. Privé des grandes ressources de la science, le navigateur est réduit aux moyens grossiers que lui offre la simple pratique de sa profession.

On prépare les grandes lignes de sonde : ce sont des cordes de la grosseur du petit doigt, d'une texture molle, longues de cent vingt brasses, ou six cents pieds ; armées à leur extrémité d'un plomb de forme conique, pesant de quinze à quarante-cinq kilogrammes, et creusé à sa base, elles servent à interroger le fond des mers, à indiquer par combien de brasses

d'eau se trouve le bâtiment, et à rapporter dans le paquet de suif qui garnit le pied du plomb des échantillons de la nature du sol.

Pour employer cet utile auxiliaire, il faut arrêter la marche du bâtiment; à cet effet, on met *en panne*, ainsi que nous l'avons vu faire pour le sauvetage d'un homme tombé à la mer. Des matelots sont disposés en dehors du bâtiment sur les canons, sur les bastingages; ils tiennent dans la main, en rond, en *glène*, une dizaine de brasses de la ligne de sonde, dont une des extrémités est retenue à l'arrière du bâtiment; le plomb attaché à l'autre bout est tenu sur le bossoir par un homme tout prêt à le lancer à la mer. Quand le bâtiment est arrêté, est *étale*, l'officier de quart commande : *Mouille!* le matelot chargé du plomb le jette dans l'eau en criant : *Veille!* — *Veille! veille! veille!* répète le premier homme porteur d'une *glène* de la ligne à chaque tour qu'il *file*, qu'il laisse aller à la mer; quand il a fini, le second file sa glène à son tour en l'accompagnant du même cri, et ainsi, de proche en proche, jusqu'à celui qui, sentant la ligne s'arrêter, crie : *Fond!* Il fait un nœud sur la ligne à l'instant même, pour remarquer la longueur où l'on a trouvé le fond, puis vingt hommes remontent la ligne de sonde et le plomb. Quand il est à bord, on coupe la croûte du suif imprégnée de vase, de coquilles, de sable, d'herbe, ou simplement empreinte de roche, et on la présente au capitaine. Celui-ci examine la carte qui représente la mer où il se trouve, et, faisant coïncider la quantité d'eau trouvée avec la nature du fond et la position présumée du bâtiment, il peut corriger celle-ci et la fixer avec plus de précision. Il est évident que cette opération sera d'autant plus certaine, que la carte consultée sera plus exactement la représentation réelle du banc sur lequel on sonde. Toutes ces cartes ne présentent pas les mêmes sécurités; celles des sondes aux atterrages de France sont d'une admirable exactitude, et enrichies de remarques telles qu'avec un peu de discernement, il est facile de se passer de tout autre guide. Mais il s'en faut de beaucoup que le reste du globe soit exploré avec autant de précision. Le banc de Campêche, dans le golfe du Mexique ; le Paracel, dans la mer de la Chine, entre autres, sont hérissés de dangers, dont plusieurs ne sont pas marqués sur les cartes, tandis que d'autres, qui y sont indiqués, ne peuvent être retrouvés.

Indépendamment de la sonde, des indices moins certains annoncent le voisinage de la terre. Les anciens navigateurs portugais se fiaient beaucoup au vol des oiseaux dont ils avaient fait une étude particulière. Dans l'archipel des Amirantes, des Séchelles et des îles Mascarenhas (Bourbon, l'île de France et Rodrigue), qui comprennent un espace d'environ cinq cents lieues de mer, il n'est réellement pas impossible de se guider par ce moyen. Les oiseaux appelés *paille-en-queue* à queue blanche s'éloignent à trente lieues environ dans le sud-est de Bourbon, et tout au plus à vingt lieues à l'ouest; ceux à queue rouge se tiennent dans la même position à l'égard de l'île Rodrigue; les deux espèces se mêlent aux environs de l'île de France. Les gros oiseaux de mer, appelés *fous*, au plumage blanc, au bec jaune, et les oiseaux noirs, auxquels la rapidité de leur vol a valu le nom de *frégate*, couvrent les îles Amirantes, Jean-de-Nove et la Providence. Les premiers, dont le nom indique la stupidité, sont en si grand nombre dans ces îles, que c'est à coups de bâton qu'on les chasse. Ils s'éloignent dans la journée d'une dizaine de lieues de terre, et y reviennent exactement tous les soirs apporter le produit de leur pêche. Voit-on le matin des fous accourir d'un côté, c'est un indice certain de l'existence d'une île dans cette direction; le soir, c'est au contraire vers la terre que tend leur vol, qu'ils préci-

pitent autant que possible ; car si la *frégate* élancée, aux ailes minces, qui
plane circulairement à des hauteurs prodigieuses, les aperçoit, elle fond
sur eux comme un trait, et, de son bec perçant, recherche au fond de leur
gosier le produit de leur pêche, qu'elle rattrape adroitement en l'air après
qu'ils l'ont laissé échapper.

En combinant un grand nombre de remarques différentes, on peut arriver
à un résultat voisin de la vérité. Aux environs des caps Horn et de Bonne-
Espérance, à plus de cent lieues de terre, les *albatros* aux immenses ailes,
les *pétrels* gris à l'œil rond et saillant, les *damiers* au corps blanc et noir,
entourent le bâtiment ; les damiers l'accompagnent dans les régions plus
tempérées ; mais, aux approches de terre, ces gros oiseaux l'abandonnent.
C'est alors que dans le voisinage des terres, au delà du cercle polaire, la
mer est couverte d'oiseaux aquatiques, le *guillemot nain,* le *perroquet arc-
tique* ou *calaclo,* et que les phoques et les morses annoncent d'une manière
indubitable la proximité de la côte.

Sur la mer de Bretagne, il existe nombre de marins pratiques qui pré-
tendent distinguer les goëlands d'Ouessant de ceux de Belle-Isle, et qui assurent que ces oiseaux ne se mêlent point entre eux, mais restent toujours
dans les parages qui leur sont propres ; distinction très-favorable si elle était
exacte, pour vérifier si l'on est à la hauteur de Belle-Isle et Lorient, ou à
celle d'Ouessant et Brest.

Rien n'est à négliger dans la navigation : les goëmons, les plantes, les
objets flottants doivent attirer l'attention et méritent un examen. Christophe Colomb, menacé de la mort par son équipage mutiné, fut heureux de
trouver en mer un jonc travaillé de main d'homme, qui prouvait à ses matelots qu'il s'avançait vers une terre habitée, et qui lui fit accorder ce sur-
sis de trois jours, au bout desquels ces furieux se jetèrent aux pieds du
sublime vieillard qui venait de changer la face du monde, et de renouveler
presque toute la science humaine. De nos jours, sur la côte de France, un
bâtiment, averti de la proximité de la terre par le passage dans son gréement d'un grand nombre de *fils de la Vierge*, changea sa direction, qui
l'eût mené le soir à une perte probable.

Revenant de l'Inde en Europe, une corvette française rencontra, aux environs du cap des Aiguilles, le trois-mâts anglais *le Duncaster*, faisant
même route. Les courants portent ordinairement avec rapidité de l'océan

Indien dans l'océan Atlantique; les deux bâtiments comptaient sur leur effet et *gouvernaient* au nord. Croyant avoir, vers l'ouest, dépassé la pointe de l'Afrique, ils voulaient *ranger de près* le cap de Bonne-Espérance, pour atteindre la baie de la Table, en rasant la terre. Le bâtiment anglais resta en arrière. Vers le soir, à bord de la corvette française, on remarqua dans l'eau une phosphorescence inaccoutumée et de nombreux fucus [1]. On conçut quelque doute sur la position du bâtiment, et l'on s'assura, en sondant, qu'au lieu d'avoir dépassé la pointe de l'Afrique, les courants avaient été infidèles, et que, se trouvant encore dans l'océan Indien, la corvette se dirigeait en pleine terre. On changea aussitôt la route que l'on fit obliquer beaucoup à gauche, vers l'ouest. Au matin, le bâtiment se trouva auprès du cap de Bonne-Espérance, et, rasant les monts Norwégiens, le Pic-du-Diable, la Croupe-du-Lion, il vint mouiller le soir dans la baie de la Table. Quelques jours après, on reçut au cap la nouvelle de la perte totale du *Duncaster*. Moins attentif, et plus confiant, le capitaine anglais avait continué sa route dans la nuit; à quelques observations prudentes il avait répondu par l'éternel *nevermine*, ce *bismillah il Allah* [2]*!* des marins anglais. Et la catastrophe la plus affreuse avait été la suite de son erreur ou de son obstination.

Les peuples maritimes ont suppléé sur beaucoup de points du globe à l'absence d'indices naturels. Des bancs situés hors de vue de terre, et couverts d'une très-petite quantité d'eau, étaient extrêmement dangereux; le changement de couleur de la mer pouvait seul avertir de l'approche de ces écueils; pour les signaler d'une manière plus apparente, on s'est servi de corps flottants, fixés sur ces bancs au moyen de grosses chaines, amarrées à des ancres d'une pesanteur énorme, c'est ce que l'on nomme des *bouées;* on les construit en forme de cylindres, ou de deux cônes opposés par la base, en douves de barriques ou en fer creux. Les bancs du Gadvin, du Galoper, à l'entrée de la Tamise, ceux de la Meuse, les bancs du Bengale, sont couverts de ces bouées, entretenues avec un soin particulier. Certains rochers ou bancs sont aussi indiqués par des verges de fer enfoncées dans le sol, et surmontées d'un signal quelconque; on nomme cet appareil une *balise*. A

[1] Sorte de plante marine.
[2] Cette locution équivaut à peu près à : « Soyez tranquille, n'ayez pas peur, c'est égal. »

l'entrée du Gange, les bouées dessinent le canal, ou *chenal*, d'une profondeur suffisante pour les navires; elles sont de couleur différente, suivant
qu'elles appartiennent au côté gauche ou droit de la passe. Les points les
plus importants de ces bancs, au lieu de simples bouées, sont indiqués par
des navires retenus par quatre ancres. Ces bâtiments portent une marque
distinctive pendant le jour, et servent de phares flottants, ainsi que nous le
verrons, pendant la nuit.

La distance à laquelle on découvre la terre varie naturellement en raison
de l'élévation de ses rivages; cependant, la brume et les nuages empêchent
qu'on aperçoive toujours à la même distance les points élevés des côtes. Au
Mexique, l'*Orizaba*, haut de plus de six mille mètres, est presque toujours
voilé, mais par un temps clair, on le voit à cinquante lieues; le pic de Ténériffe, à la tête pyramidale, s'aperçoit à quarante lieues; le pic des Açores,
à trente; ce dernier est encore plus remarquable par la régularité mathématique de sa forme que par son élévation.

Il faut donc redoubler de vigilance aux approches de la côte, et ne négliger aucun des moyens de s'assurer de sa position. Cependant, même pendant le jour, il n'est pas toujours possible de profiter de ces observations.
Le bâtiment qui s'approche des bords glacés du Groënland ou de la Laponie
ne saurait avoir recours à la sonde; l'escarpement de ces côtes en rend l'usage impossible. C'est donc par la seule inspection qu'on peut se guider;
mais, dans ces parages, des brumes subites, et d'une épaisseur extraordi

naire, environnent le bâtiment ; on ne saurait véritablement alors s'en rapporter à d'autres soins que ceux de la Providence.

Dans le fiord de Drontheim, la corvette *la Recherche* fut tout à coup enveloppée d'une brume si intense, qu'il était impossible aux personnes placées à l'arrière du bâtiment d'apercevoir l'avant. Le vent était contraire, les côtes rapprochées; la grande profondeur de l'eau empêchait de mouiller une ancre pour s'arrêter, en attendant que le ciel s'éclaircît. Il n'y eut d'autre ressource que de conserver le moins de voiles possible, et de continuer à louvoyer d'un bord à l'autre, dans le plus grand silence, en virant de bord chaque fois que l'on entendait le murmure de la mer dans les rochers. Quand la brume se dissipa, *la Recherche* se trouvait dans un étroit espace, resserrée entre des dangers, véritable défilé, d'où l'on eut beaucoup de peine à la retirer. Cette position est extrêmement critique; et il est à croire que si beaucoup de navires s'y trouvaient, on aurait de nombreux malheurs à déplorer : mais heureusement des circonstances inattendues viennent souvent prêter un secours providentiel au navigateur. La même corvette se retrouva dans un cas semblable, à l'entrée d'une baie du Spitzberg, dont la topographie était tout à fait inconnue; on savait seulement que la côte était bordée de roches à fleur d'eau. Au milieu de cette perplexité, un heureux hasard fit observer que l'homme placé au sommet du mât était hors de l'épais rideau qui voilait le jour; des officiers s'y transportèrent, et guidèrent par leurs avertissements la manœuvre de l'équipage resté sur le pont au milieu de l'obscurité.

Dans le golfe du Mexique, les coups de vent de nord amènent d'épais brouillards; c'est alors une position embarrassante pour le bâtiment qui se rend à la Vera-Cruz. Au fond du golfe, ce vent de nord est favorable à la route; mais si l'on arrive trop tard, si la brume est déjà amassée, comment trouver le passage entre les récifs de Sacrificios, d'Anegada, de Pajaros? Une fois arrivé dans cette impasse, comment en sortir, où se réfugier, si l'on n'ose risquer l'entrée à travers ces écueils?

Favorisé du ciel, si le navigateur promène sa vue sans obstacle sur une mer éclairée par un beau jour, les dangers de l'atterrage sont bien diminués, et, pourtant, il ne saurait encore être à l'abri de toute erreur.

Sur la côte brûlante du Sénégal, du Sahara, vers le milieu du jour le plus pur, le mirage produit des illusions magiques. Un navire venant de la mer,

en vue d'une baie, se voit soudain entouré de terres de toutes parts ; on
ne saurait, sans le secours de la boussole, reconnaître quel est le côté de
la mer, tant la côte factice offre d'analogie avec la véritable. Tous les objets
sont déplacés, et il devient impossible au marin de se fier à sa vue. Sous des
latitudes bien différentes, dans les mers polaires, l'œil est le jouet d'illusions
pareilles. Les pics aigus des glaciers du Spitzberg apparaissent à une distance
de vingt lieues. Un changement insensible s'opère-t-il dans l'atmosphère,
il semble que ces cimes neigeuses sont suspendues au-dessus de la tête de
celui qui les contemple. Il croit aborder ce rivage dans quelques heures ;
le navire continue à s'avancer ; dix, quinze lieues disparaissent derrière
lui, et ces montagnes semblent s'être éloignées plus que jamais, comme la
fugitive et fabuleuse Ithaque.

Ainsi donc, une vue souvent bornée, sujette à plusieurs causes d'erreur ;
des sondes souvent incertaines, parfois impraticables ; l'examen des objets
flottants, de la couleur de l'eau, des conjectures, peut-être illusoires, sur le
vol des oiseaux ; tels sont les moyens spéciaux que le navigateur possède
pour reconnaître l'approche des terres, et des écueils qui, le plus souvent,
les environnent.

Malgré la faiblesse de ces ressources, pendant que le soleil éclaire l'horizon, on aperçoit presque toujours à temps un danger imprévu ; la
manœuvre commandée est rapidement exécutée par des hommes qui dis-
tinguent aisément les cordes à mettre en jeu. Les officiers peuvent surveiller l'exécution des commandements, arrêter les suites d'une méprise,
expliquer un ordre mal compris ; mais la nuit double les périls de la navigation et enlève au marin des ressources si nécessaires.

Les procédés de la sonde sont bien toujours les mêmes ; mais la vue est
presque inutile. Il faut quelquefois, poussé impétueusement par le vent et
la mer, continuer en aveugle une course qui peut se terminer par une
catastrophe. Le trois-mâts *la Bonne-Clémence* revenait de la mer du Sud
en doublant le cap de Horn : c'était au commencement de l'hiver de ces parages, au mois de mai ; un jour douteux éclairait à peine l'horizon pendant
six heures. Les brumes, les tempêtes continuelles empêchaient depuis plusieurs jours de consulter les astres pour fixer la position du bâtiment ; le capitaine pensait avoir dépassé le cap de Horn, et fit gouverner au nord-est.
Le temps était affreux ; le navire fuyait sous une seule voile, la misaine. A

huit heures du matin, à peine le crépuscule permit-il de distinguer quelque chose au milieu des torrents de pluie et de vent qui assaillaient le bâtiment; on vit se dresser à l'avant une masse noire qui paraissait suspendue sur le navire, et qui étendait, des deux côtés, de gigantesques bras : c'était le cap Horn, sur lequel, quelques minutes plus tard, le navire se serait infailliblement brisé.

Pour atténuer, autant qu'il est en son pouvoir, ces dangers inévitables, l'homme a cherché à indiquer la nuit les points les plus importants des côtes; les feux en sont le moyen, au premier abord, le plus naturel. Dans les premiers âges du monde, et chez les peuples primitifs, les amis, les compatriotes du pêcheur attardé en mer, lui indiquaient, par la flamme de leur foyer, le point de la côte où il devait revenir. Plus tard, quand la navigation se fut étendue, les habitants d'une contrée riveraine de la mer, apercevant dans le jour des navires qui se dirigeaient vers leur port, allumèrent aussi des feux pour en indiquer l'entrée. D'après Homère, Nauplius, roi d'Eubée, aujourd'hui Négrepont, profita de cet usage d'établir des feux à l'entrée des ports pour se venger d'Ulysse, à qui il reprochait la mort de son fils Palamède. La flotte des Grecs, ayant paru en vue de son île, il fit allumer des feux sur le cap de Figera; les Grecs, croyant avoir atteint un asile

27

hospitalier, se heurtèrent contre les rochers qui en défendent l'approche. Ajax y périt avec un grand nombre de ses compagnons ; Ulysse et Diomède furent assez heureux pour échapper au naufrage. Ce stratagème a été employé depuis plus d'une fois.

L'homme, si faible, si impuissant, si digne de pitié dans ses luttes contre les grandes colères de l'Océan, trouve souvent dans ses semblables des ennemis plus perfides et plus cruels encore. Les barbares de la Tauride, les anciens Égyptiens, sacrifiaient les étrangers qui faisaient naufrage sur leurs côtes ; et, de tout temps, presque jusqu'à nos jours, les débris que des infortunés avaient pu ravir à la fureur des flots étaient la proie des habitants du rivage.

Le droit de bris et naufrages n'était pas le moins fructueux des priviléges féodaux des seigneurs riverains. Depuis la révolution française, les serfs émancipés ont prétendu hériter des droits de leur seigneur ; prétention que les gardes-côtes douaniers ont grand'peine à leur faire abandonner. Souvent même, quand les naufrages n'étaient pas assez fréquents au gré de leurs désirs, ils employaient, pour les occasionner, des ruses perfides : des feux de sarments, des lanternes attachées aux cornes de leurs bœufs, imitaient, par le balancement du front de ces animaux, celui du feu d'un bateau de pêche ou la lumière de l'habitacle d'un bâtiment.

Le navigateur, se dirigeant vers le point où semblaient flotter des navires, trouvait bientôt sur son chemin les terribles rochers de la Bretagne
ou les brisants des côtes de la Normandie et de la Vendée ; le bâtiment, déchiré par des pointes aiguës, ou roulé sur la plage dans des lames énormes,
était bientôt dispersé en mille débris, que les *naufrageux* recueillaient à
terre avec une joie barbare. Malheur à l'étranger qui, échappé à la fureur
des flots, abordait au milieu de ces sauvages ! il était bientôt dépouillé de
tous ses effets, et sa vie même n'était pas en sûreté s'il leur plaisait de le
reconnaître pour Saxon ou Anglais.

De nos jours, la civilisation et l'humanité ont pénétré jusque chez ces
malheureux, plus ignorants que cruels, et maintenant ils réservent pour le
sauvetage des naufragés l'habileté et la vigueur qu'ils employaient à leur
perte.

L'établissement des feux permanents remonte à une haute antiquité.

Le plus ancien phare dont l'histoire fasse une mention positive est celui
de la tour Timée, construite 650 ans avant Jésus-Christ, à la pointe de la
Corne d'Or (*Chrysokéras*), qui maintenant est le port de Constantinople.
Cette tour fut réédifiée par l'empereur Marc-Aurèle à une époque où les débris de la première jouissaient déjà d'une renommée de haute antiquité. La
tour du temple de Sestos fut transformée en phare par Héro, à l'intention
de son amant Léandre.

Sous le règne de Louis XIV, qui réunit dans ses mains la puissance nationale, ce fut, pour toutes les branches, le moment d'un essor rapide. Rien
ne paraissait impossible aux volontés du grand roi. Le commerce de Bordeaux, déjà très-important, souffrait de la difficulté de l'entrée de la Gironde.
Louis XIV ordonna l'érection d'un phare à son embouchure. L'île d'Andros,
qui y était située, avait été engloutie en 1427 par un tremblement de terre
épouvantable qui avait bouleversé ces rivages, et soulevé la mer hors de ses
limites. Sur ce banc, recouvert par les flots, on réussit à construire une tour
presque semblable à celle de Pharos ; seulement le feu y était déjà entretenu
au moyen de lampes et de réflecteurs plans.

Cet édifice, qui s'élève immédiatement sur la mer, appelé la tour de
Cordouan, du nom de l'architecte, fait l'admiration des marins étrangers
et des curieux qui, dans la belle saison, y affluent des bains de Royan,
situés sur la côte. Les Anglais ont vaincu une difficulté semblable dans
la construction de la tour d'Eddystone, sur un rocher situé à dix milles de
la côte de Plymouth ; la mer a plusieurs fois détruit leurs travaux, qui,
maintenant, ont acquis une solidité supérieure aux efforts des flots.

A mesure que les phares se multipliaient, il devenait plus difficile de les
distinguer l'un de l'autre, et une méprise fatale occasionna plus d'un sinistre.
On chercha donc à les rendre reconnaissables, soit en plaçant deux tours à
côté l'une de l'autre, comme au cap la Hève, près du Havre, ou en envelop-
pant les lampes de vitres colorées. Mais ces moyens étaient insuffisants et
très-dispendieux. Lemoine, maire de Calais, imagina d'envelopper le sommet des phares d'une lanterne circulaire en tôle, ouverte d'un seul côté, et
tournant par un mouvement d'horlogerie : le temps que l'ouverture mettrait
à revenir dans la même direction pouvant être différent pour chaque phare,

la longueur des éclipses servirait à les faire reconnaître. Cette utile invention fut bientôt appliquée ; et maintenant, sur les côtes de France et sur celles d'Angleterre, les feux principaux sont alternativement fixes, et à éclipses de différentes durées ; ce qui, avec des feux fixes placés de trois en trois phares, rend les méprises impossibles.

Le système d'éclairage a été considérablement perfectionné depuis. Les lampes ont été formées de plusieurs étages de mèches concentriques, alimentées d'huile, au moyen d'un mécanisme d'horloge. Des réflecteurs paraboliques ont été substitués aux miroirs plans, et ont été remplacés à leur tour par des lentilles de l'invention du Français Fresnel. Les tours ont été réparées ou reconstruites, et maintenant les feux du premier ordre lancent leur éclat jusqu'à huit ou neuf lieues en mer ; il est même assuré que, par un temps très-clair, le feu de l'île d'Ouessant située à l'entrée de la baie de Brest a été aperçu à dix lieues. L'atmosphère est plus souvent embrumée que limpide pendant la nuit, et l'on ne saurait assigner avec certitude la portée des phares qui sont même quelquefois complétement voilés.

La condition des gardiens des phares, surtout ceux qui surveillent les feux isolés en mer, comme celui d'Eddystone ou de Cordouan, est digne de compassion ; on a peine à comprendre qu'une créature intelligente se résigne à cette vie d'escargot dans une coquille de pierre, qui n'a d'autres mobiles que le balancement que lui impriment les tempêtes et les secousses des vagues qui se brisent à ses pieds, dans les sombres nuits d'hiver. Cependant cette triste existence est une faveur vivement sollicitée. L'un des avantages les plus singuliers qu'y trouvent les gardiens est l'abondance d'oiseaux de toute espèce qui viennent se précipiter vers l'immense foyer de lumière qui les fascine.

Les bouées établies sur les bancs dont nous avons déjà parlé sont inutiles dans l'obscurité ; c'est alors que des navires-bouées au mât desquels on allume un brillant fanal les remplacent pendant la nuit.

Dans quelques passages très-fréquentés on lance de ces bateaux, d'heure en heure, un pot d'artifices ; cette vive lumière, qui dure plusieurs minutes, instruit le marin de la nature du fanal qu'il aurait pu prendre pour celui d'un bâtiment ordinaire.

La nature a placé dans quelques lieux des phares qui laissent bien loin derrière eux ceux que l'homme élève à grand'peine : tels sont le volcan de

l'île Bourbon, visible à quinze lieues dans la nuit, le Vésuve, le Stromboli ;
mais la nature en a été avare, et la civilisation n'a encore dominé qu'une
faible partie du globe. Que d'immenses solitudes bordées de sombres rivages
se refusent à prêter à l'homme leur impénétrable inhospitalité !

Muni de ces instructions, armé de la prudence éclairée par la pratique, le
navigateur approche du terme de son voyage ; il a soin de se diriger à droite
ou à gauche du point qu'il veut atteindre, selon que les vents règnent de l'un
ou l'autre côté : ce qui s'appelle *gouverner au vent du port*. Attentif à toutes
les circonstances, il a combiné sa route avec soin, et ayant bien reconnu la
terre et sa position favorable, il se rapproche de son but. Il entre alors dans
la zone des bateaux *caboteurs*. Ceux-ci naviguent à la manière des anciens,
sans perdre la terre de vue, de cap en cap. La voilure de ces petits bâtiments
a conservé une couleur locale ; aux grands navires qui circulent sur
toutes les mers la mâture uniforme, les voiles carrées. Mais chaque côte a
ses usages particuliers, sa tradition, et de temps immémorial la forme des
voilures y est la même. Dans la Méditerranée, c'est la *tartane*, le *mistic*
aux immenses antennes, aux blanches voiles. En les voyant, il est presque
inutile de s'informer de leur nationalité : leur équipage méridional chante
sous son beau ciel, ou crie et se démène avec action. Sur les côtes de Bretagne, on se sert du *chasse-marée* aux voiles obliques, à la toile tannée et
rougie, pour résister à l'humidité du climat ; non moins tannés, non moins
endurcis qu'elles, les matelots supportent avec impassibilité une série inter-
minable de jours de pluie ou de vent contraire.

Dans les parages de l'Amérique du Nord, c'est la goëlette Bermudienne,
longue, effilée, dont les deux mâts flexibles, inclinés sur l'arrière, sont à
peine retenus par un léger étai. Les hardis marins qui montent ces petits
navires les manœuvrent avec adresse, et professent pour les marins étrangers le dédain le plus prononcé. Aux abords de l'Angleterre, le *cutter* à un
seul mât, à l'élégante peinture, à la prompte manœuvre ; au large des côtes
de l'Inde, la *gourabe* à l'étrave relevée, le *patemar* à l'immense voilure,
dont les bordages, au lieu d'être cloués, sont cousus avec du fil de
coco, annoncent l'approche des côtes. Leur équipage de *lascars*, aussi paresseux et bruyants qu'adroits, font au moindre grain retentir l'air des
*Jaldès ! Jaldès !* si lamentables, qu'ils communiquent autour d'eux l'épou-
vante qu'ils témoignent sans l'éprouver.

Plus près de terre, une embarcation encore plus singulière frappe les regards. Deux pièces de bois assemblées, flottant à peine au milieu de l'eau,
sont conduites par un Indien qui semble marcher sur la mer : c'est le *catimaron*. Dans les mers de la Chine et du Japon, on trouve la *jonque* aux
voiles de nattes de jonc. Sur les côtes de la Laponie, sont les bateaux de la
Russie du Nord, à la poupe carrée prétentieusement percée de fenêtres
comme un paquebot, mais que garnit un papier huilé, et qui se ferment au
moindre vent ; leur grand mât porte une immense voile carrée, triple de
celle de misaine, dont l'angle inférieur va se fixer sur le beaupré, qui ne
sert à nul autre objet. Son équipage de mouchicks est reconnaissable à la
coupe circulaire de leurs cheveux, aux longues barbes, aux casaques de
peaux de rennes à peine écorchés dont ils sont vêtus.

Dans la mer du Nord, près des bas-fonds de la Hollande, le *dogre*, la *galiote* au fond plat pullulent. Ces bâtiments ont un grand mât presque au
milieu, et un autre fort petit tout à fait à l'arrière ; mais ce qui les rend surtout reconnaissables, c'est leur forme extraordinaire.

Le dessin de leur pont figure, en profil, un demi-cercle dans le sens de la
longueur ; le milieu est presque au niveau de la mer, au-dessus de laquelle
s'élèvent considérablement l'avant et l'arrière ; le devant du bâtiment est
presque carré, mais sur les deux joues s'avancent deux énormes renflements.
Serait-ce quelque allusion au genre féminin de la galiote ? mais le modèle n'en
a pas été pris sur cette coupe fameuse à laquelle le sein d'Hélène avait servi de
moule. L'arrière est arrondi en bosse, percé de fenêtres et décoré avec soin
de sculptures recouvertes de vives couleurs. Le navire est ordinairement
frotté d'un galipot ou vernis qui laisse au bois sa couleur jaune toujours
brillante ; les côtés de ces galiotes sont droits, leur fond est plat : aussi dit-on
plaisamment que, sur le chantier, il y a une lieue de galiote d'une seule
pièce, et que l'amateur s'en fait couper un morceau suivant son envie,
qu'il achète ensuite de rencontre. Ces bâtiments, d'une construction mas-
sive, sont mauvais marcheurs, mais très-sûrs à la mer. Dans les temps *forcés*, après avoir fixé la barre du gouvernail, la famille qui en forme ordinairement l'équipage descend tranquillement en bas déguster son fromage et
son pot de bière, tandis que le chien de garde veille, et aboie s'il aperçoit un
bâtiment.

En arrivant au parage dont ces bâtiments s'écartent rarement, le navigateur timide peut être tenté de les interroger pour s'assurer de tout ce qui l'intéresse; mais le marin, confiant dans ses connaissances, dans la rectitude de ses opérations, se garde bien de consulter ainsi les premiers venus, à moins d'y être absolument contraint; il continue à s'avancer vers le port.

Si c'est en Europe ou dans les colonies des peuples civilisés qu'il arrive, il ne tarde pas à apercevoir un bateau de pilote qui croise au vent de l'entrée, et se hâte de courir sur le navire qu'il aperçoit, de crainte d'être devancé par un concurrent. La distance à laquelle on peut trouver un pilote varie beaucoup; la nature de la côte, la civilisation du peuple chez qui l'on aborde, l'importance du port et sa difficulté, la saison, l'état de la mer et du temps, l'heure du jour ou de la nuit, influent sur les habitudes des pilotes.

Dans le golfe de Gascogne dans la Manche, on les trouve à huit et dix lieues de terre pendant la belle saison. Sur les côtes de Bretagne, ce n'est guère qu'en vue des premiers dangers qu'on les trouve, car la mer est si dure, qu'ils ne peuvent s'aventurer au large dans leurs chétives embarcations. Sur les côtes de Hollande, dans la mer du Nord et de la Manche, un bâtiment arrive par un temps forcé; la nuit s'annonce terrible, il ne peut franchir les passes sans pilote : il met en panne et en appelle un par des signaux et des coups de canon! L'intrépide marin ne manque pas à l'appel; il prend tous les ris dans sa voile à *livarde*, et la déploie au vent. Il dépasse la balise que fouette la tempête, et va, dans sa frêle embarcation, atteindre et sauver, peut-être mille fois au péril de sa vie, le bâtiment qui l'a appelé. On trouve des pilotes à vingt-cinq lieues au large, confortablement montés sur de grands bricks, à l'embouchure du Gange, et dans les parages de l'Amérique, sur de fines goëlettes d'une marche supérieure, qui accostent le bâtiment sans qu'il ait besoin de mettre en panne pour s'arrêter, et même le pilote saute à bord avec une périlleuse dextérité. Chez les peuples d'origine espagnole, le pilote arrive ordinairement au moment où le bâtiment est déjà dans le port, et y indique emphatiquement des précautions excessives contre des dangers imaginaires ou exagérés.

Une fois le pilote à bord, il devient responsable de tout ce qui peut arriver au navire, et même sur les bâtiments de guerre, on dirige la route suivant ses indications. Il faut *lofer* ou **arriver** (Voir l'article MANŒUVRE), afin d'éviter les récifs ou de se mettre en bonne position pour enfiler le *chenal* qui conduit en rade. A son cri adressé au timonier : *N'arrivez pas!*

on a vu des passagers inquiets s'approcher de l'homme du gouvernail et lui promettre au contraire une bonne bouteille de vin s'il *arrivait* dans la journée. Souvent l'entrée en rade est un des moments où la patience, si nécessaire au marin, trouve le plus à s'exercer. Voir la rade, les navires, et, par un changement de vent ou un calme subit, ne pouvoir les atteindre avant la nuit, courir une bordée au large, y être pris de gros temps ou de calme avec des courants contraires qui rejettent le navire sous le vent, et l'obligent à louvoyer quelquefois pendant quinze pénibles jours pour les *remonter*, tels sont les épisodes désagréables qui causent ses perplexités.

Le jour si désiré du retour en France n'est que rarement embelli par la splendeur et l'intérêt de cette fête maritime. Lorsque après de longues années d'absence, un bâtiment, fatigué par un séjour dans les pays chauds, s'approche au milieu de l'hiver des côtes de la Bretagne, l'équipage énervé subit les tristes influences du froid, de la mer houleuse, du vent déchaîné; habitué à la brillante clarté des régions favorisées du soleil, il souffre de cette pâle lueur qui, pendant huit heures seulement, vient de son jour douteux remplacer les funèbres ombres de la nuit. Il interroge avec inquiétude un horizon borné; la position du bâtiment est presque incertaine, car le soleil n'a pas paru depuis plusieurs jours, et l'estime de la route est peu digne de confiance dans une mer aussi houleuse et sujette, même à une grande distance de terre, aux influences de la marée. Apercevra-t-on avant la fin du jour cette côte hérissée d'écueils? le vent augmente de force, la nuit peut-être amènera la tempête; peut-être le bâtiment sera-t-il collé contre un rivage de fer, loin de l'entrée de la rade qu'il aura manquée. Faut-il arrêter sa course et attendre au lendemain? mais la dérive et les courants le porteront à l'aventure, demain la position sera encore plus incertaine, le vent favorable changera peut-être; il faudra encore battre la mer et essuyer peut-être de terribles bourrasques dont ce soir même le port mettrait à l'abri? C'est alors que le commandant doit se montrer digne de sa position; sa volonté, décidée peut-être par la plus minime considération, doit devenir inébranlable, à moins de circonstances nouvelles. Pendant qu'une ou deux voiles seulement, gonflées à se fendre sous l'effort de l'humide vent d'ouest, entraînent le bâtiment entre deux sillons d'écume, une trace vague paraît à l'horizon, c'est la terre; la brume qui passe sur elle en change à chaque instant l'aspect. Enfin on aperçoit la tour d'un phare! Elle est du côté opposé au vent par

28

rapport au navire ; on pourra la doubler ! Attendre un pilote serait une imprudence ; comment sortirait-il d'un temps pareil ! Le commandant a de
bonnes cartes, il est habile et homme de tête. En avant ! on force de voiles !
Enfin on dépasse les premières roches, la première île ; on est dans la
passe ! Bientôt la mer s'embellit ; on avance entre les rochers, les bancs
voisins de la côte ; on reconnaît avec ivresse les lieux que depuis des années
l'on a considérés comme le terme de ses misères ; on pénètre dans l'étroit
goulet, la brume se lève, la mer est resserrée et calme ; la nature semble se
parer ; et bientôt, après avoir passé auprès du *Stationnaire*, on laisse tomber
une ancre étonnée de toucher encore le fond. Une brusque transition physique
et morale laisse un moment l'homme presque abattu sous le poids de tant
d'émotions diverses ; à l'espérance, à l'inquiétude, à l'espoir déçu et repris
tour à tour, succèdent le calme, la sérénité et une joie profonde ; aux secousses du navire poussé par ses voiles grinçantes, ébranlé par sa mâture,
heurté par les coups de mer, inondé d'embruns d'eau salée, succède le repos
dans une rade tranquille et sûre ; à peine un léger balancement le berce-t-il
encore. Le visage ridé par le vent, couvert de sel, se repose comme après
une fièvre. Heureux le marin qui touche au port après un long voyage !

Caboteurs de la Méditerranée.

## LES COMBATS.

La navigation est sans doute par elle-même un des arts les plus utiles et les plus intéressants; c'est elle qui relie les peuples séparés par l'immensité de l'Océan; qui amène à une vie intellectuelle commune les races diverses répandues sur toute la surface du globe; qui, messagère de la Providence, distribue dans tous les climats les produits particuliers à chacun d'eux, et ouvre sans cesse à l'homme de nouvelles contrées à cultiver et à embellir par son travail. Toutefois, à côté de cette mission pacifique et civilisatrice, c'est à l'antagonisme naturel qu'elle doit son plus grand intérêt; quel voyage, quel négoce attirerait l'attention qui s'attache aux luttes belliqueuses? Sur un élément qui seul suffit pour détruire les fragiles ouvrages de l'homme, l'acharnement des guerriers frappe d'étonnement et de terreur.

Les moyens de destruction ont différé suivant les époques, mais la pensée fut toujours la même; et la civilisation, qui étend sur tout une couleur uniforme, en diminuant la férocité des mœurs, a substitué à l'instinct spontané de la guerre un mécanisme régulier qui fonctionne encore plus impitoyablement.

Les divers buts de la guerre maritime ont toujours été semblables. La mer, ce grand chemin qui mène à tous les rivages, offre au commerce les plus faciles communications; un navire peut à lui seul transporter les richesses d'une province.

D'aussi belles proies devaient tenter les ennemis ou les voleurs; de là vint la nécessité de protéger les *convois;* tel est quelquefois l'objet unique d'un armement.

Les forces navales, souvent destinées, dans l'antiquité surtout, à dévaster les côtes, à s'emparer des villes, n'étaient jadis que le moyen ordinaire de transport d'une armée, et les troupes de terre combattaient indifféremment sur le rivage ou à bord; de nos jours, au contraire, la présence de soldats à bord est une chance défavorable, à cause de l'encombrement et du manque d'exercice des matelots gênés par les troupes passagères.

A mesure que les peuples sont devenus plus habiles dans les arts de toute espèce, les bâtiments destinés au combat ont différé de plus en plus de ceux destinés au négoce. Sur les côtes de l'Inde, Sésostris ne trouva à combattre qu'une flotte de navires aux flancs d'osier ; les pesants bateaux des Vénètes, que César vainquit sur les côtes de l'Océan, n'étaient non plus que des bâtiments chargés de guerriers, sans jouer eux-mêmes aucun rôle militaire. La manière de combattre était ainsi toute tracée ; de loin les javelots, les flèches, les pierres ; et quand un navire avait pu joindre son adversaire, le combat corps à corps, l'abordage.

Plus tard la grandeur des navires, l'augmentation du nombre de rangs de rames suggérèrent l'idée de faire combattre entre eux les vaisseaux même ; on arma leur avant, leur proue, d'un *éperon*, d'un rostre de bois recouvert de fer ou d'airain ; poussé par les nombreux avirons des rameurs, le navire défonçait de son choc les carènes ennemies. Ce genre de combat, qui n'empêchait point l'usage des traits et la lutte à l'abordage, amena nécessairement une nouvelle complication dans l'art naval.

Indépendamment de ses autres connaissances, le marin dut étudier spécialement la manœuvre du navire, l'art de le faire pivoter rapidement sur lui-même ; il dut exercer son coup d'œil pour savoir si tel mouvement serait effec-

## LES COMBATS.

La navigation est sans doute par elle-même un des arts les plus utiles et les plus intéressants ; c'est elle qui relie les peuples séparés par l'immensité de l'Océan ; qui amène à une vie intellectuelle commune les races diverses répandues sur toute la surface du globe ; qui, messagère de la Providence, distribue dans tous les climats les produits particuliers à chacun d'eux, et ouvre sans cesse à l'homme de nouvelles contrées à cultiver et à embellir par son travail. Toutefois, à côté de cette mission pacifique et civilisatrice, c'est à l'antagonisme naturel qu'elle doit son plus grand intérêt ; quel voyage, quel négoce attirerait l'attention qui s'attache aux luttes belliqueuses ? Sur un élément qui seul suffit pour détruire les fragiles ouvrages de l'homme, l'acharnement des guerriers frappe d'étonnement et de terreur.

Les moyens de destruction ont différé suivant les époques, mais la pensée fut toujours la même ; et la civilisation, qui étend sur tout une couleur uniforme, en diminuant la férocité des mœurs, a substitué à l'instinct spontané de la guerre un mécanisme régulier qui fonctionne encore plus impitoyablement.

Les divers buts de la guerre maritime ont toujours été semblables. La mer, ce grand chemin qui mène à tous les rivages, offre au commerce les plus faciles communications ; un navire peut à lui seul transporter les richesses d'une province.

D'aussi belles proies devaient tenter les ennemis ou les voleurs ; de là vint la nécessité de protéger les *convois ;* tel est quelquefois l'objet unique d'un armement.

Les forces navales, souvent destinées, dans l'antiquité surtout, à dévaster les côtes, à s'emparer des villes, n'étaient jadis que le moyen ordinaire de transport d'une armée, et les troupes de terre combattaient indifféremment sur le rivage ou à bord ; de nos jours, au contraire, la présence de soldats à bord est une chance défavorable, à cause de l'encombrement et du manque d'exercice des matelots gênés par les troupes passagères.

A mesure que les peuples sont devenus plus habiles dans les arts de toute espèce, les bâtiments destinés au combat ont différé de plus en plus de ceux destinés au négoce. Sur les côtes de l'Inde, Sésostris ne trouva à combattre qu'une flotte de navires aux flancs d'osier ; les pesants bateaux des Vénètes, que César vainquit sur les côtes de l'Océan, n'étaient non plus que des bâtiments chargés de guerriers, sans jouer eux-mêmes aucun rôle militaire. La manière de combattre était ainsi toute tracée ; de loin les javelots, les flèches, les pierres ; et quand un navire avait pu joindre son adversaire, le combat corps à corps, l'abordage.

Plus tard la grandeur des navires, l'augmentation du nombre de rangs de rames suggérèrent l'idée de faire combattre entre eux les vaisseaux même ; on arma leur avant, leur proue, d'un *éperon*, d'un rostre de bois recouvert de fer ou d'airain ; poussé par les nombreux avirons des rameurs, le navire défonçait de son choc les carènes ennemies. Ce genre de combat, qui n'empêchait point l'usage des traits et la lutte à l'abordage, amena nécessairement une nouvelle complication dans l'art naval.

Indépendamment de ses autres connaissances, le marin dut étudier spécialement la manœuvre du navire, l'art de le faire pivoter rapidement sur lui-même ; il dut exercer son coup d'œil pour savoir si tel mouvement serait effec-

tué avant le choc de l'ennemi, pour saisir le moment opportun où ce dernier, par imprudence ou impéritie, prêtait le flanc à l'attaque. L'art de la guerre maritime devint dès lors une des applications les plus complètes de l'esprit humain, un mélange de théorie, de pratique, de jugement, de témérité, enfin ce qu'il est encore aujourd'hui.

C'est en 1387 que paraît pour la première fois dans l'histoire [1] l'emploi des canons à bord des navires, quoiqu'il y eût plus de cinquante ans qu'on faisait usage de l'artillerie en France. L'extrême imperfection de ces premiers essais empêcha que la révolution que cette découverte devait produire fût aussi brusque qu'on aurait pu se l'imaginer. Les galères, munies à leur avant d'un de ces nouveaux instruments de guerre, le *Coursier*, devinrent bien plus redoutables par leur tir *rasant*, et la faculté qu'elles avaient de s'avancer en continuant leur feu, tandis que les nefs, par leur tir *plongeant*, du haut des châteaux atteignaient très-rarement le but. Après que Descharges eut inventé l'usage des sabords, les nefs devinrent plus militaires; mais, cependant, la galère, que sa chiourme faisait marcher de temps calme ou contre le vent, était toujours le bâtiment de guerre par excellence.

François Ier, ayant conclu la paix avec Charles-Quint, en 1544, put tourner tous ses moyens vers la guerre maritime que l'Angleterre avait profité de ses embarras pour lui déclarer. Il réunit cent cinquante naves et cinquante caravelles dans les ports de Normandie; de plus, il fit venir de la Méditerranée vingt-cinq galères sous la conduite de Paulin de la Garde, et donna le commandement de toute la flotte à l'amiral d'Annebaut. Un navire, nommé *le Caracon* (ce mot, dérivé de l'italien, veut dire *grande caraque*), faisait partie de cette flotte, et portait cent pièces d'artillerie, dont vingt sur affût. De son côté, Henri VIII fit de grands préparatifs. Il vint en personne à Portsmouth presser l'armement de ses navires. *Le Henri-Grâce-à-Dieu*, dont nous avons donné la description détaillée, était l'amiral de sa flotte, qui comptait plus de cent vingt voiles.

François Ier voulut assister à l'appareillage de son armée de mer; du haut de la tour du Havre qu'il avait fondée, il contemplait, plein d'espoir, les mouvements de tous ces navires, dont les flammes et les bannières, aux

---

[1] Froissart, Chroniques.

armoiries peintes et dorées, brillaient aux rayons du soleil. La masse énorme du *Caracon*, dont les châteaux s'élevaient aussi haut que la *gabie* des autres naves, excitait l'admiration de toute la cour, lorsque le feu y prit par accident. Ce superbe navire fut en entier la proie des flammes. L'amiral d'Annebaut ne se laissa pas décourager par ce sinistre. Il fit voile dans le meilleur ordre vers l'île de Wight, devant laquelle il parut le 18 juillet 1545. L'armée anglaise, mouillée entre cette île et la côte, se mit en devoir d'appareiller ; mais tous les vaisseaux n'ayant pu faire de même ce jour-là, ils ne se risquèrent pas au large, et rentrèrent à l'abri de leurs forts, vivement poursuivis par les galères françaises.

Pendant la nuit, l'amiral d'Annebaut prit ses dispositions pour le combat qu'il espérait engager le lendemain. C'est ici que paraît la première idée de tactique et d'ordre dans une bataille navale. Il partagea sa flotte en trois escadres de trente-cinq vaisseaux chacune : un centre et deux ailes. Les galères, escadre légère, devaient, dès le point du jour, harceler l'ennemi, l'inquiéter dans son appareillage, le gêner dans ses manœuvres, et, en se faisant poursuivre, l'amener en désordre au combat.

Ce plan d'attaque, bien combiné, fut parfaitement exécuté. Les galères, favorisées par le calme du matin, s'avancèrent à l'aide de leurs rames et tirèrent à plaisir dans la masse compacte des Anglais, que le manque de vent empêchait de bouger. Cependant, au bout d'une heure, la brise s'étant élevée de terre, les Anglais purent appareiller ; alors les galères furent obligées de virer de bord et de se réfugier vers le gros de la flotte. Dès qu'elles présentèrent l'arrière, qui était sans défense, les ennemis détachèrent à leur poursuite des *péniches* et des *ramberges*, sortes de petites galères d'une grande marche, qui approchèrent les galères françaises de si près, qu'elles faillirent s'en emparer ; mais Pierre Strozzi, prince de Capoue, capitaine de l'une d'elles, revira promptement, malgré le danger qu'il y avait à attendre les vaisseaux anglais qui arrivaient à toutes voiles, et coula l'une de ces ramberges à coups de canon, ce qui ralentit aussitôt la poursuite des autres ; les galères purent ainsi continuer leur retraite et rejoindre le corps d'armée.

La canonnade s'engagea entre les deux flottes. *Le Henri-Grâce-à-Dieu* fut mis en si mauvais état, qu'il faillit périr ; *le Mary-Rose*, un des plus grands vaisseaux anglais, fut coulé, et de son équipage de cinq cents hommes on n'en put sauver que trente-cinq. Les Anglais, qui étaient *au vent*, voyant leur désavantage, ne voulurent pas engager le combat plus à fond, *serrèrent* le vent et rentrèrent dans leurs ports.

Pendant que les galères, mêlées aux grandes nefs et caraques, rendaient de si bons services dans l'Océan, elles composaient encore la marine militaire par excellence dans la Méditerranée.

Elles seules figurèrent dans la grande crise maritime du seizième siècle, dans la lutte de l'Europe catholique contre l'invasion sans cesse menaçante des Ottomans, à la bataille de Lépante. Quand on vit les Turcs assiéger deux fois Vienne, s'emparer de Rhodes et de Chypre, que toute l'habileté des Vénitiens ne put défendre, le pape Pie V prêcha une nouvelle croisade, et donna l'exemple en armant douze galères dont il confia le commandement à Marc-Antoine Colonna ; l'Espagne, Venise, Malte et Gênes répondirent seules à l'appel. La France était déchirée par les discordes religieuses ; l'hérétique Angleterre n'a jamais eu l'habitude de considérer le salut de l'Europe comme intéressant pour elle ; le Portugal était gouverné par un enfant ; et l'empire d'Allemagne, dépourvu de forces navales, était aussi à court d'argent.

Le 25 septembre 1571, don Juan, fils naturel de Charles-Quint, généralissime de la flotte, appareilla de Messine avec soixante-dix galères d'Espagne, de Sicile et de Naples. Il fut rallié par six galères de Malte, montées par ces vaillants chevaliers, la terreur des Ottomans, dont, malgré leur petit nombre, ils bravaient toutes les entreprises. Les galères du saint-père, trois galères de Savoie et le contingent de Venise se joignirent à lui, et toute la flotte se rendit à Céphalonie pour s'y organiser. La reine de l'Adriatique avait fourni un armement digne de sa puissance et de l'intérêt qu'elle avait à cette guerre contre un si redoutable voisin : six énormes galéasses [1] et cent huit galères, sorties de son arsenal, obéissaient à l'amiral Sébastien Veniero ; les provéditeurs Barbarigo et Marc Quirini commandaient sous ses ordres.

Le samedi, 7 octobre 1571, la flotte ottomane fut aperçue dans le golfe de Lépante, non loin des îles Curzolari (anciennes Echinades) : elle était forte de deux cent quarante galères, quarante galiotes et brigantines ; le

---

[1] Voir le chapitre *Navire.*

capitan-pacha Muezenzude-Ali la commandait; elle portait près de soixante mille hommes, en comptant les nombreuses troupes embarquées sous le commandement de Pertew-Pacha.

Don Juan arbora le pavillon carré vert, signal de se préparer au combat. Aussitôt, l'armée chrétienne se développe sur une ligne courbe, dont les extrémités se rapprochaient de l'ennemi. Les galéasses de Venise, sous la conduite de Francisco Dudo, formaient une redoutable avant-garde; don Juan au centre, Veniero à la droite, Colonna à la gauche, se placèrent en avant de la ligne.

Le prince Jean-André Doria, amiral de Gênes et de Savoie, dirigeait l'escadre du centre, sous les ordres du généralissime; le Vénitien Barbarigo à la gauche, et le prince de Santa-Croce, amiral de Naples, à la droite, commandaient les galères de leurs nations respectives; les galères de Malte obéissaient au commandeur de Messine.

Les Turcs, plus nombreux de soixante navires au moins, formaient un croissant étendu, dont les ailes recourbées semblaient prêtes à enfermer la flotte chrétienne. Les préparatifs du combat se firent dans l'armée de la ligue avec un enthousiasme extraordinaire. Les retranchements transversaux, destinés à garantir la chiourme des projectiles de l'ennemi, furent promptement établis; on y employait des matelas, des voiles, des paquets de cordages. Chacun s'arma joyeusement de l'arquebuse, de la masse d'armes, de la hallebarde, de la pique, de l'épée à deux tranchants; les forçats chrétiens demandèrent à grands cris à être admis à combattre *pour racheter l'infamie de leur vie passée par une mort chrétienne;* on les déferra et on les arma de targes et d'épées, et plus d'un combattit vaillamment pendant l'action.

Vers trois heures, les deux armées étant à portée, l'amiral turc tira un coup de canon à poudre pour inviter les chrétiens à commencer; don Juan répondit par un boulet, et le feu s'engagea.

Les ailes des deux armées furent les premières aux prises. Les chrétiens, dont la gauche s'appuyait à des récifs, furent tournés par l'habileté de Ouloudy-Ali, qui fit passer des galères entre la côte et les rochers; Barbarigo fut entouré; lui-même fut tué en défendant sa galère, ainsi que Marc Quirini, et toute sa division fut mise en grand désordre; à la droite les galères, inégales de marche, n'observèrent pas l'ordre donné de se tenir serrées à distance d'aviron ; les Turcs en entourèrent plusieurs et les prirent, entre autres la capitane de Malte ; le commandeur de Messine et tous les chevaliers qui la montaient eurent la tête tranchée. Cependant les centres des deux armées n'avaient pu se joindre aussitôt ; les galéasses vénitiennes, de leurs triples batteries, firent un terrible ravage dans les rangs condensés des Turcs ; l'artillerie de ces derniers, gênée d'ailleurs par l'élévation de leurs *éperons*, ne pouvait répondre à ce feu destructeur. Pourtant, à force de rames, les Turcs franchirent l'intervalle, et à quatre heures et demie, Ali-Pacha aborda la galère de don Juan. Des deux côtés, tous les navires s'avancèrent au secours de leur amiral, et le combat se changea en une affreuse mêlée. Mais les Turcs ne purent résister à l'ardeur des chrétiens ; ceux-ci se jetèrent comme des lions sur l'ennemi ; la galère du capitan-pacha fut enlevée. Lui-même fut tué, et sa tête tranchée, offerte à don Juan comme un trophée, qu'il repoussa avec dégoût, fut plantée au sommet du grand mât ; le bruit des canons, les hurlements effroyables des combattants, le sang, les morts qui couvraient les ponts et la mer présentaient un affreux spectacle. Après la mort d'Ali et de Perlew, ce ne fut plus qu'un horrible carnage ; les Turcs épouvantés cherchaient dans les flots un asile contre l'incendie et la mort, mais les galères et les chaloupes des chrétiens les poursuivaient à outrance ; on leur fendait la tête à coups de sabre, on les assommait à coups de rames : jamais on ne vit un si sanglant massacre. Le nombre des morts s'éleva à trente mille ; on ne fit que trois mille prisonniers. Ouloudy-Ali osa poursuivre l'avantage qu'il obtenait à l'aile gauche ; il s'échappa avec quarante galères, seul débris de cette immense flotte ; les chrétiens en prirent cent trente, en brûlèrent ou coulèrent quatre-vingt-dix ; quinze mille esclaves chrétiens, délivrés de leurs fers, firent éclater leurs actions de grâces. Ces malheureux, bâillonnés dès le commencement du combat, ainsi qu'on le pratiquait pour toutes les chiourmes, avaient dû, jusqu'au dernier moment, servir contre leurs libérateurs.

Le bruit de cette victoire retentit dans le monde entier ; le nom de don Juan fut couvert de gloire et des bénédictions des peuples ; les prêtres appliquaient en chaire ces paroles de l'évangéliste : *Fuit homo missus a Deo, cui nomen erat Johannes!*

La France disparut du théâtre des événements maritimes jusqu'au règne du cardinal de Richelieu, le grand politique reconnaissant que la puissance

29

continentale n'est qu'une force sans résultat quand elle n'est point soutenue par la prépondérance navale. Il créa des escadres de galères et de vaisseaux qui plus d'une fois luttèrent avec avantage contre les flottes espagnoles. Cette époque singulière vit un prêtre, l'archevêque de Bordeaux,
commander des escadres avec succès.

Les galères, de plus en plus difficiles à équiper, diminuèrent de nombre
et d'importance pendant que *la Couronne, le Soleil-Royal* et les cent vaisseaux que Louis XIV fit construire en quelques années constituèrent la
principale force navale. Cependant à la bataille de Malaga, où le comte
de Toulouse, fils naturel de Louis XIV, battit la flotte anglo-hollandaise
plus forte que la sienne de douze vaisseaux, les Français avaient avec eux
quelques galères qui ne purent rendre aucun service en raison de la force
du vent pendant le combat.

Sous le règne de Louis XIV, la marine française, naguère inconnue,
lutta souvent avec avantage contre les flottes réunies des deux premières
nations maritimes de l'époque, l'Angleterre et la Hollande. Une volonté
forte et persévérante avait amené ce résultat en quelques années; plus tard
la confiance et l'orgueil, poussés jusqu'au délire, lui causèrent un échec sensible au désastreux combat de la Hogue. Tourville, à la tête de quarante-
cinq voiles, rencontra les flottes alliées fortes de quatre-vingt-onze vaisseaux;
il montra à ses capitaines l'ordre du roi de combattre l'ennemi fort ou faible,
et non-seulement ne prit pas chasse, mais *laissa porter* intrépidement sur
l'ennemi stupéfait. Pendant deux jours, les Français luttèrent, à plusieurs
reprises, contre des forces aussi supérieures; le troisième jour, Tourville,
sans avoir perdu un seul vaisseau, fit le signal de la retraite. Les circonstances les plus fatales changèrent cette manœuvre en un véritable désastre;
les courants violents jetèrent plusieurs de ses vaisseaux à la côte, alors sans
défense, de Cherbourg et de la Hogue; les chaloupes des ennemis les incen-
dièrent; le reste de l'armée fut dispersé. Néanmoins, la plupart des vaisseaux
regagnèrent le mouillage de Brest.

Malgré cette défaite, dont l'effet moral fut beaucoup plus grand que les
pertes réelles n'étaient importantes, la guerre ne fut pas abandonnée.
Duguay-Trouin, Jean-Bart, Forbin, le marquis de Nesmond firent éprouver
les pertes les plus grandes à l'ennemi à la tête de petites divisions de cinq ou
six vaisseaux; et pendant la guerre de la succession d'Espagne, la marine

française jeta encore quelque éclat, malgré les efforts contraires de son mi-
nistre, Jérôme Pontchartrain, assez follement jaloux de l'amiral de France,
comte de Toulouse, pour sacrifier l'intérêt de sa patrie à sa vanité. La marine fut de nouveau négligée sous le règne de Louis XV, et l'édifice si laborieux de Richelieu, de Colbert et de Louis XIV fut abandonné.

Dès cette époque, les armées navales, composées uniquement de vaisseaux
de ligne, durent adopter une tactique plus en harmonie avec leur nature ;
la puissance d'un vaisseau est tout entière dans les batteries de canons
dont ses flancs sont hérissés ; ainsi, au lieu de s'avancer contre l'ennemi
qu'il veut combattre, il faut qu'il se dirige parallèlement à son front ; et
pour tirer d'une escadre le plus grand feu possible, il faut que les vaisseaux
qui la composent se tiennent à la file de manière à ne point se couvrir
mutuellement ; il faut aussi que cette ligne soit serrée pour ne pas s'exposer
à être coupée par celle de l'ennemi et pour réunir un plus grand nombre de
canons dans le moindre espace.

Sur un champ de bataille à terre, les hauteurs, les villages, les bois sont
autant de positions importantes qui dessinent la ligne de bataille et la forti-
fient ; sur la surface uniforme de l'Océan, il n'y a qu'une circonstance d'où

dépendent les mouvements des flottes, c'est la direction des vents ; ainsi cet échiquier, si variable dans les batailles des armées de terre, est toujours le même pour le marin ; le vent en est le régulateur ; les diverses routes que peut suivre un vaisseau constituent les divers ordres dans lesquels peut se ranger une escadre.

Donc, lorsque tous les vaisseaux qui la composent marchent à la file, avec le vent *du travers*, ils forment un ordre de bataille essentiellement maniable, car ils peuvent, par un simple virement de bord, changer complétement leur direction et se retrouver à la file l'un de l'autre en recevant le vent de l'autre côté.

Si l'escadre marche *au plus près du vent* (NAVIGATION), soit qu'elle le reçoive de droite ou de gauche, de tribord ou de bâbord, elle est dite *en ordre de bataille tribord* ou *bâbord*; ces deux ordres, *vent du travers* et *au plus près*, sont les seuls ordres de bataille possibles par les raisons que nous allons indiquer.

Quel que soit le soin apporté à la construction des vaisseaux, jamais ces imposantes machines ne sont douées de qualités identiques ; sous certaine allure, tel vaisseau marche mieux qui navigue mal sous telle autre ; il faut donc, pour conserver les distances et n'être pas obligé, par la crainte d'un choc, *d'un abordage*, à sortir de la ligne, il faut donc pouvoir retarder à volonté la marche des fins voiliers, accélérer celle des autres ; le seul moyen d'arrêter les premiers quand la brise plus *fraîche* pousse, c'est de *masquer*, de *coiffer*, de *mettre sur le mât*, quelques voiles, ainsi que nous avons vu qu'on le fait lorsqu'on met en panne pour sauver un homme à la mer. Or, quand on est *vent arrière* ou à peu près, il est évident qu'on ne peut pas disposer les voiles *à reculons ;* cela n'est possible qu'*au plus près* et tout au plus *vent du travers* ; c'est pourquoi l'on se range en file sous ces dernières allures pour être prêt au combat. La grande question pour l'attaque et la défense, c'est de se placer *au vent* de l'ennemi ; en effet, il est facile alors de s'en rapprocher pour l'attaquer, tandis qu'il lui est difficile au contraire de gagner au vent pour livrer le combat, si l'armée du vent veut l'éviter.

Une armée navale est divisée en trois escadres ; tantôt la deuxième escadre est en tête, tantôt c'est la troisième ; la première escadre forme toujours le centre. Ainsi rien n'est plus simple qu'une ligne de bataille navale ; aucun accident de terrain n'en modifie les développements ; et cependant, malgré

cette simplicité apparente, rien n'est plus difficile que de conserver l'ordre pendant le combat; l'instabilité de la brise qui augmente à l'avant-garde, tandis qu'elle *mollit* à la queue de la ligne, les changements de direction du vent qui bouleversent l'échiquier dont elle est la base fondamentale, les caprices des vaisseaux dont la marche relative varie à chaque instant; les avaries que produisent bientôt les boulets de l'ennemi, toutes ces circonstances réunies enlèvent au plus habile amiral le pouvoir de diriger sa flotte, et le sort de la bataille dépend alors de la valeur et de l'habileté des capitaines, de l'intrépidité des équipages et de l'ordre du destin.

Les batailles classiques, celles où l'on a le plus manœuvré pour couper une ligne, pour prendre entre deux feux quelques vaisseaux d'une avant-garde ou d'une arrière-garde, ont été livrées sous Louis XVI, pendant la guerre de l'indépendance des États-Unis. La fleur de la marine française, mêlée à quelques auxiliaires pratiques dont l'expérience piquait l'émulation des officiers, qui bientôt les surpassèrent, faisait manœuvrer des flottes de quarante et cinquante vaisseaux, créées presque par magie. Dix fois les marins français mirent en déroute les escadres britanniques déchues subitement de la suprématie des mers. Suffren remporta dans l'Inde d'éclatants succès; d'Estaing, réunissant les lauriers du général à ceux de l'homme de mer, enlève l'épée à la main l'île de la Grenade, et, remontant sur son vaisseau, met en fuite le lendemain l'escadre de l'amiral Byron qui venait pour la secourir. Cependant des revers se mêlèrent à ces brillantes victoires; le comte de Grasse fut fait prisonnier après un vigoureux combat, son vaisseau démâté, rempli de morts, faisant eau et coulant bas. On peut citer à ce propos une preuve de l'injustice de l'opinion du jour : les femmes portaient alors des croix d'or dites *à la Jeannette*; un cœur figurait au milieu; on se mit à en porter *à la de Grasse*, c'est-à-dire sans cœur !

A la paix glorieuse, bien que désintéressée, que signa Louis XVI, succédèrent les sanglantes luttes de la république contre l'Europe coalisée; les officiers de cette marine brillante qui venait de terminer par une paix honorable une lutte glorieuse, victimes de nos dissensions, abandonnèrent les vaisseaux livrés à l'indiscipline et à l'anarchie.

Cependant la république, avec cette vigueur de décision qui a caractérisé toutes ses mesures, fit de simples pilotes ou caboteurs les capitaines de ses vaisseaux; des paysans complétèrent les équipages. Un capitaine de vaisseau de l'ancienne marine, Villaret-Joyeuse, fut l'amiral de la flotte qui sortit pour protéger la rentrée d'un convoi de farine, que le contre-amiral Vanstabel ramenait d'Amérique ; l'armée française rencontra l'escadre anglaise au large des côtes de Bretagne, le 11 prairial 1796. La victoire fut disputée pendant trois jours par les équipages improvisés de notre flotte aux vieux marins de l'Angleterre ; enfin le troisième jour, après une lutte plus acharnée, sept vaisseaux démâtés restèrent séparés de la flotte ; l'amiral Villaret voulait revirer de bord pour dégager ces vaisseaux qui combattaient vaillamment, lorsqu'il en fut empêché par le représentant du peuple Jean-Bon-Saint-André. On connaît les pouvoirs terribles dont étaient investis ces proconsuls, et ces sept vaisseaux soutinrent encore un long combat à la vue de leurs compatriotes qui les abandonnaient. Le vaisseau amiral *la Montagne*, qui avait vaillamment combattu contre plusieurs vaisseaux, rentra à Brest emportant près de cinq cents boulets incrustés dans sa membrure.

Le fait naval qui domine toute l'époque est le terrible combat de Trafalgar. Depuis la bataille de Lépante, on n'avait pas vu de lutte aussi meurtrière ; la nouveauté du système d'attaque de Nelson, l'éclat de cette grande bataille, la dernière dont la mer a été le théâtre, l'héroïsme des combattants, méritent qu'on l'étudie en détail : elle est la preuve trop manifeste que sur mer, le courage, le nombre des vaisseaux, ne suffisent pas pour assurer la victoire, et qu'en marine il faut des équipages, des capitaines exercés, fruit d'institutions régulières et d'une persévérance dont on ne fait pas encore assez profession en France.

Les perfectionnements de notre marine actuelle n'ont pas encore été mis à l'épreuve critique des combats ; cependant l'ordre parfait qui est établi de nos jours paraît devoir utiliser mieux que par le passé le bouillant courage de nos marins.

Les simulacres de combat fréquemment répétés sur nos vaisseaux ont appris à chacun le rôle qu'il doit remplir.

A peine la *générale* a-t-elle retenti sur le pont et dans les batteries, chacun se rend au poste indiqué par le rôle de combat ; les cloisons des appartements des batteries sont démontées, les *sabords* ouverts, les *refouloirs* disposés à côté des pièces, les *palans* de côté et de retraite mis en place ; les hommes de la manœuvre s'arment de fusils qui leur donnent un emploi actif dans les moments d'inaction ; les soutes à poudre sont ouvertes ; les *manches*, conduits en drap ou en toile qui servent à y envoyer les *gargoussiers*, étuis en cuir où l'on renferme la gargousse de serge remplie de poudre, sont mises en place ; la pompe à incendie est montée sur le pont et placée à l'abri d'un mât du côté où l'on ne doit pas combattre ; les gabiers montent dans la hune les *pierriers*, les *espingoles*, les mousquetons, les grenades qui leur serviront dans le combat ; ils *doublent* les manœuvres importantes ; de minces cordages serpentant sur les étais sont destinés à en empêcher la chute s'ils sont coupés par les boulets ennemis ; les *grappins* d'abordage, munis de leurs chaînes, sont suspendus au bout des vergues ; la barre en fer du gouvernail est placée dans la première batterie ; elle est prête à remplacer la barre ordinaire située à l'étage inférieur dans l'entre-pont ; on monte de la cale un supplément de boulets ; les embarcations sont mises à la mer si le temps le permet ; un pavillon français est hissé à la tête de chaque mât ; les malades, les blessés, dont l'asile ordinaire est à l'avant de la deuxième batterie, sont descendus dans la cale à eau. On a vu souvent des hommes presque mourants, dans des rencontres de navires suspects, voler à leur poste d'où il était impossible de les arracher : un enthousiasme incroyable se révèle souvent au milieu de ces belliqueux préparatifs. Les officiers se rendent à leur poste munis de leurs armes ; cinq minutes à peine se sont écoulées, et un roulement répété par les tambours de chaque batterie annonce que tout est prêt et que l'on peut commencer le feu. Le commandant, suivi de son second, passe l'inspection de tous les postes et se rend sur la dunette où est sa place de combat. L'embouchure d'un énorme porte-voix, dont le pavillon sonore débouche dans la batterie basse, s'élève jusqu'à sa hauteur. Au moment où l'ennemi avance : *Pointez à six encablures!* crie fortement le grand porte-voix ; les chefs de chaque batterie font exécuter ce pointage.

*Feu de batterie!* A ce commandement, l'officier de la première batterie répond : *Première batterie, feu!* Seize pièces de trente ont tonné à la fois et lancé dans l'espace leur ouragan de fer ; aussitôt les chargeurs se jettent à la bouche des canons qui viennent de reculer et les gorgent de nouveau de poudre et de fer ; la commotion terrible de la deuxième batterie qui tire à son tour ne les interrompt pas un instant ! La troisième batterie, les caronades des *gaillards*, n'ont pas fait feu, que déjà la batterie basse est prête à recommencer. Le feu continue ainsi par demi-batterie, par section ou à volonté.

L'ennemi se rapproche, les officiers de batterie règlent constamment le pointage et l'élévation des mires. Leur devoir, au milieu du tumulte du combat, du spectacle affreux des morts et des blessés, est de rester sans cesse calmes, attentifs à renforcer les postes dégarnis, à vérifier le pointage, à encourager les canonniers, à parer à tous les événements. Les tambours battent le rappel sur le pont : c'est le signal de faire monter en haut le renfort de mousqueterie. Un servant de chaque pièce se détache, saisit son fusil accroché aux *baux* au-dessus du canon, et se réunit au peloton que forment tous ceux de la même batterie, et un élève de marine les conduit en hâte sur le pont ; ils se répandent en tirailleurs, sur la chaloupe, sur la dunette, sur le gaillard d'avant, et commencent un feu nourri ; cependant les batteries ont continué le leur. Tout à coup, la cloche est tintée avec précipitation... le feu est à bord ! Un canonnier de chaque pièce saisit le seau de cuir et se porte au lieu de l'incendie. Là chacun a sa fonction : ceux-ci doivent former la chaîne pour fournir de l'eau en abondance ; ceux-là font agir les pompes, d'autres doivent les diriger. Au milieu de ce tumulte, le silence doit régner ; c'est assez pour troubler l'ordre du fracas de l'artillerie,

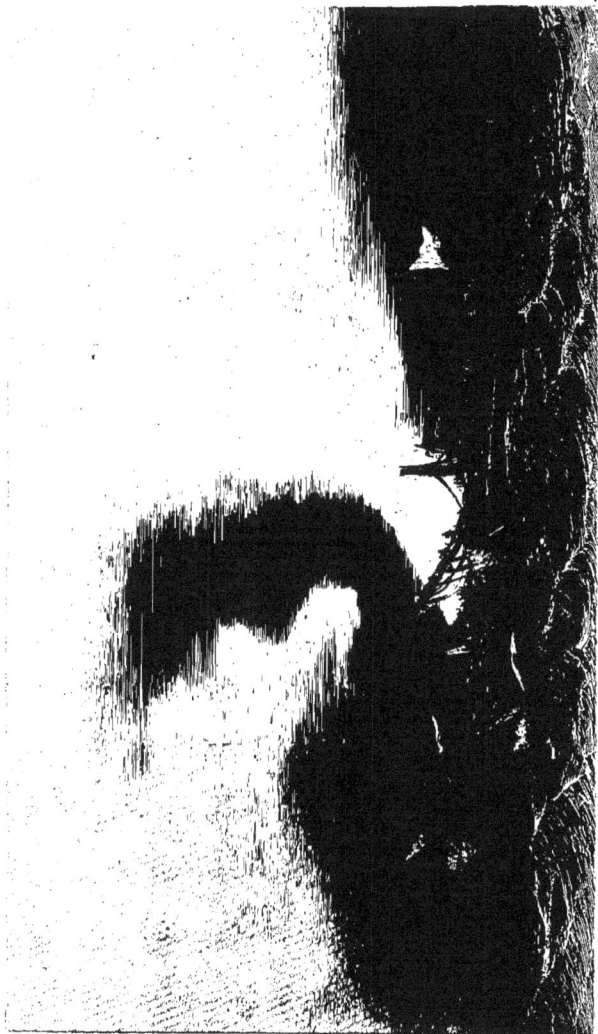

du bruit des apparaux, des cris des blessés ; ceux-ci sont descendus par les panneaux jusqu'à la cale dans des fauteuils ou des lits suspendus nommés *cadres ;* c'est l'ombre sanglante de ce brillant tableau ; mais la fumée, l'odeur enivrante de la poudre dérobent ce triste spectacle, ou ne font qu'exciter davantage la mâle fureur des combattants.

Tout à coup les clairons sonnent : *En haut les pelotons d'abordage !* L'ennemi n'a pas craint d'accepter ce genre de combat, si favorable à notre valeureuse nation ; l'élite des hommes de la manœuvre, deux canonniers par pièce saisissent les pistolets, les sabres, les haches, les poignards d'abordage suspendus à leur portée, et s'élancent sur le pont par toutes les écoutilles à la fois ! L'équipage des canons est réduit à trois ou quatre hommes ; mais leurs forces sont décuplées dans ce paroxysme de la crise, et d'ailleurs il faut faire la partie belle aux camarades qui vont, la poitrine nue, s'élancer sur le pont de l'ennemi. Ceux-ci s'accrochent aux cordages, sautent dans les haubans ; du haut des hunes, des vergues, les gabiers font pleuvoir les grenades sur les gaillards de l'ennemi ; la mousqueterie redouble, les grap-

pins sont lancés, les deux navires se lient ensemble. Une dernière fois les
canons vomissent la mitraille; puis les clairons appellent les secondes troupes
d'abordage : tous accourent au soutien des combattants déjà engagés, conduits par le reste des officiers ; c'est le dernier enjeu, la dernière réserve, et
que *Dieu protége la France!* Car le courage, l'habileté, la vaillance suc-
combent alors que la Providence l'a décidé dans ses impénétrables décrets.

Tel est le résultat définitif, l'acte suprême de l'existence d'un vaisseau
de guerre. Le philosophe peut gémir lorsqu'il voit l'espèce humaine employer pour de futiles querelles ou dans le but immoral de l'asservisse-
ment des peuples le fruit de tant de travaux ; mais lorsque toute cette
séve, tout ce sang, tout cet or sont dépensés pour une sainte cause, pour la
défense des opprimés, pour le soutien des droits impérissables de l'humanité, pour la conquête de la liberté des mers, le spectacle devient à ses yeux
aussi grandiose et sublime qu'il paraissait d'abord terrible et impie. Noble
mission dont la France donne depuis longtemps l'exemple aux autres peuples, et qui la décore d'une gloire plus solide, de lauriers plus durables que
ceux qui couronnent des succès injustes et passagers !

MORGLFATH-DEL                                    HARRISON et THOMAS SC

Un bal à bord.

# TABLE DES MATIÈRES.

## COMBATS.

Lavage du navire.

Matelots serrant un Hunier.

## COMBATS.

Lavage du navire.

Matelots serrant un Hunier.

Exercices d'embarcations.

# ILLUSTRATIONS.

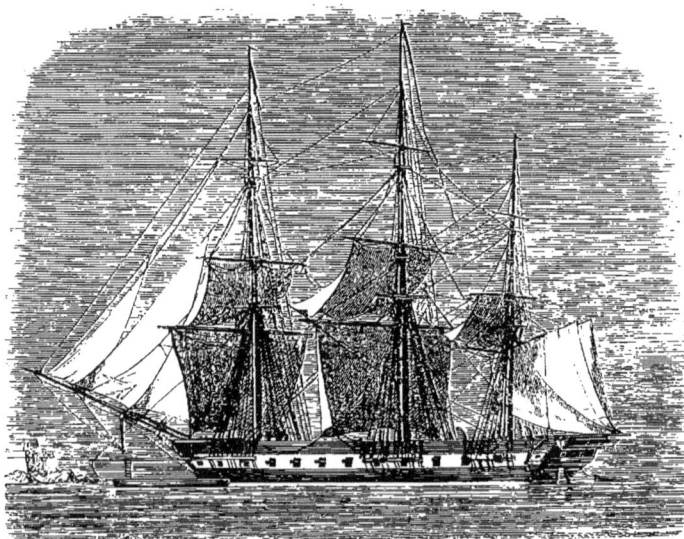

Navire séchant ses voiles.

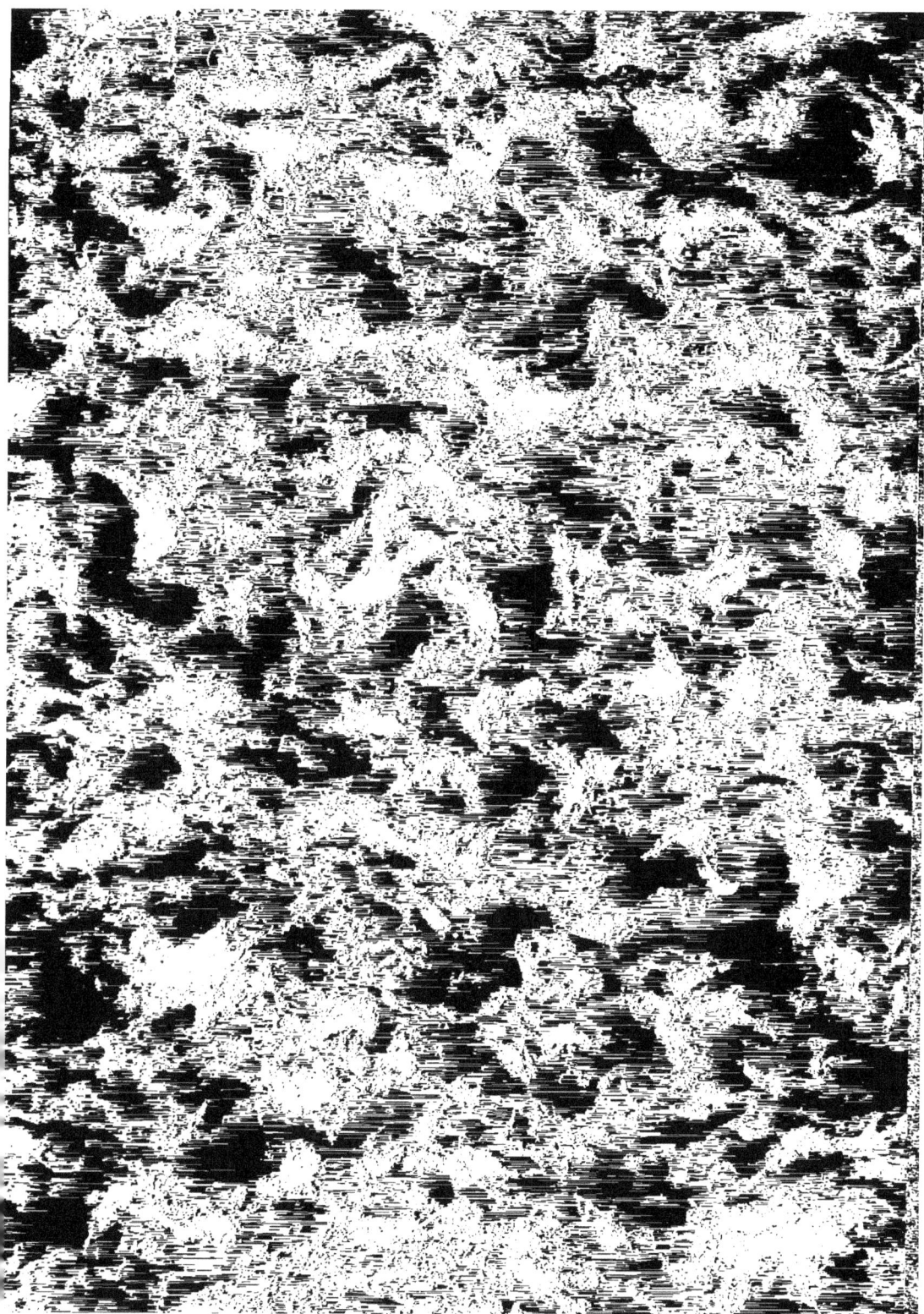

www.ingramcontent.com/pod-product-compliance
Lightning Source LLC
Chambersburg PA
CBHW060141200326
41518CB00008B/1109